21世纪高等教育新理念精品规划教材

简明塑性力学

主　编　王　晔
副主编　韦广梅　杨　姝

U0208462

天津大学出版社
TIANJIN UNIVERSITY PRESS

内容简介

本书内容包括绪论、金属材料的塑性性质、单向应力状态的弹塑性问题、复杂应力状态的弹塑性问题、弹塑性问题3结点三角形单元增量有限元格式。

本书可作为高等学校相关专业的本科生和研究生以及科研和工程技术人员的塑性力学基础教材。

图书在版编目（CIP）数据

简明塑性力学 / 王晔主编.—天津：天津大学出版社，2018.1（2021.12重印）
21世纪高等教育新理念精品规划教材
ISBN 978-7-5618-6022-9

Ⅰ.①简… Ⅱ.①王… Ⅲ.①塑性力学—高等学校—教材 Ⅳ.①O344

中国版本图书馆CIP数据核字（2017）第322201号

出版发行 天津大学出版社
地　　址 天津市卫津路92号天津大学内（邮编：300072）
电　　话 发行部：022-27403647
网　　址 publish.tju.edu.cn
印　　刷 北京虎彩文化传播有限公司
经　　销 全国各地新华书店
开　　本 185mm×260mm
印　　张 7.5
字　　数 187千
版　　次 2018年1月第1版
印　　次 2021年12月第2次
定　　价 23.00元

前　言

PREFACE

塑性力学是固体力学的一个重要分支，也是机械、材料、土木工程的必要理论基础，是一门专业技术课程。由于它的系统性和理论性较强，而且对数学基础要求高，因此学生在学习过程中有一定的难度。

目前，关于塑性力学的教科书多数是重点大学编写的，在内容体系上更多地体现了这门课程的理论性强、概念密集和公式繁多的特点，更适合理论基础好、学时多的学生使用。本书在编写中，将教学重点放在了正确建立基本概念和基本理论上，力求把严密的塑性理论体系采用通俗易懂的语言来撰写；避免冗长公式的推导，更易于学生学习；为培养学生分析问题和解决问题的能力，书中每章都有一定数量的例题。同时，我们也根据本书制作了供课堂教学使用的电子教案，这将有助于学生加深对于基本内容的了解和掌握。

本书对教学内容进行了模块体系结构设计，整体结构分为单向应力状态、复杂应力状态和工程应用三大模块。教学重点放在正确建立基本概念和基本理论上。通过学习本书，学生应了解塑性力学的基本假设；熟练掌握塑性力学关于变形体的“模型”，包括理想弹塑性模型、线性强化弹塑性模型、幂次强化模型和*R-O*模型；熟练掌握简单桁架的弹塑性求解过程；了解强化效应对应力、应变的影响；了解加载路径对求解过程的影响；熟练掌握矩形截面梁的弹塑性弯曲的推导过程；了解横向载荷作用下梁的弹塑性弯曲，包括曲率与弯矩之间的关系；掌握超静定梁的近似解法及上下限定理；了解应力和应变张量的特点；熟练掌握力学不变量的概念及应用；熟练掌握在复杂应力状态下屈服条件是一个空间曲面，常用的两个屈服条件；掌握在复杂应力状态下，加载条件也是一个在空间中变化的曲面；了解关于材料性质的几个假设及加卸载准则，在复杂应力状态下，加卸载是需要判断的；熟练掌握塑性区中的应力和应变的关系，即塑性增量理论和全量理论；了解弹塑性力学问题的有限元法。

本书是编者根据多年教学实践经验并参考许多弹塑性力学著作编写而成的，参考的著作都列入了参考文献；同时，在编写过程中得到了学校、学院的大力支持及帮助，在此对他们表示诚挚的感谢。

限于编者水平，本书中存在的疏漏之处在所难免，望广大读者批评指正。

编　者

目　录

CONTENTS

绪　论

0.1　塑性力学的基本内容

塑性力学也称塑性理论，主要研究物体在塑性变形阶段应力和变形的规律。当外力加大到一定程度使物体内部的应力超过某一极限值后，即使将外力除去，物体变形并不能完全消失，而是保留了一部分残余变形，这一性质就是组成物体材料的塑性。

塑性力学是固体力学的一个重要分支，它在工程实践中有着重要的用途。因为物体处于塑性阶段时，并没有破坏，它还有能力继续工作，故可以把构件设计到部分达到塑性、部分保持弹性状态，从而节省材料。所以，应用塑性理论能更合理地定出工程结构和机械零件的安全系数。以塑性力学为基础的极限设计理论在结构设计中有很大用途。

塑性力学是研究物体受力超过弹性极限后产生的永久变形和作用力之间的关系以及物体内部应力和应变的分布规律；它以试验为基础，从试验中找出受力物体超出弹性极限后的变形规律，据以提出合理的假设和简化模型，确定应力超过弹性极限后材料的本构关系，从而建立塑性力学的基本方程。解出这些方程，便可得到不同塑性状态下物体的应力和应变。塑性力学与弹性力学有着密切的关系，弹性力学的大部分基本概念和处理问题的方法都可以在塑性力学中得到应用。与弹性力学比较，塑性力学具有如下主要特点。

(1)应力-应变关系一般是非线性的，其比例系数不仅与材料有关，而且与塑性应变有关。

(2)由于塑性变形的出现，应力-应变之间不再存在一一对应的关系，它与加载历史有关。

(3)变形中可分为弹性区与塑性区，在弹性区，加载与卸载都服从广义胡克定律；但在塑性区，加载过程服从塑性规律，卸载过程则服从弹性的胡克定律，即材料的弹性不受塑性变形的影响。

0.2　塑性力学的任务

塑性力学比弹性力学复杂得多，但为更好地了解固体材料在外力作用下的性质，对塑性理论进行研究是十分必要的。对于工程结构的设计来说，如不进行弹塑性分析，则有可能导致浪费或不安全。学习塑性力学的目的主要包括：

(1)研究在哪些条件下可以允许结构中某些部位的应力超过弹性极限的范围，以充分发挥材料的强度潜力；

(2)研究物体在不可避免地产生某些塑性变形后，对承载能力和(或)抵抗变形能力的影响；

(3)研究如何利用材料的塑性性质达到加工成形的目的。

0.3 塑性力学的基本假设

(1)连续性假设。认为组成可变性固体的物质不留间隙地充满了固体的体积。

(2)均匀性假设。认为在固体内到处都有相同的力学性能。

(3)各向同性假设。认为沿任何方向，固体的力学性能都是相同的。

(4)小变形假设。认为物体在外力作用下所产生的变形，与其本身几何尺寸相比很小，可以不考虑因变形引起的固体的尺寸变化。

(5)无初应力假设。认为物体原来是处于一种无应力的自然状态，即在受到外力作用以前，物体内各点应力均为零。

第 1 章　金属材料的塑性性质

1.1　两个基本试验

塑性力学研究的基本试验有两个：一个是简单拉伸试验，塑性力学的基本概念就是从一种理想化的拉伸试验曲线中起源并引申出来的，并把单轴的试验结果推广至三维空间；另一个是材料在静水压力作用下物体体积变形的试验。这两个试验的结果是建立各种塑性理论的基础。

1.1.1　金属材料简单拉伸试验

金属材料简单拉伸试验是最常见的材料试验，试验通常在室温情形下进行。在此种试验中可以观察到材料弹塑性变形的若干表现。材料的拉伸试验曲线有两种形态，图 1.1 所示是没有明显的屈服流动阶段，图 1.2 所示是有明显的屈服流动阶段。有的材料流动阶段是很长的，往往应变可以达到 1%。

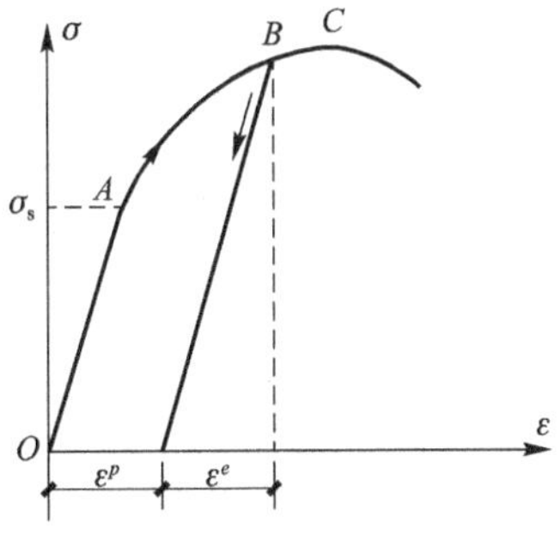

图 1.1

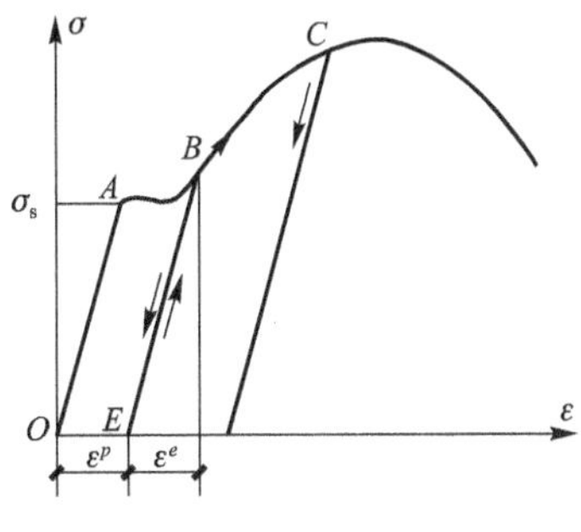

图 1.2

由金属材料的简单拉伸试验可以得到如下结论。

1. σ-ε 关系的非线性与多值性

(1)应力-应变关系一般是非线性的。

(2)应力-应变之间不再存在一一对应的关系(应力-应变的多值性)。

由图 1.3 中 σ-ε 关系曲线可以看到，应力与应变之间不是单值对应的关系，它与加载历史有关。当 $\sigma=\sigma'$ 时，根据加载历史的不同，可对应于①、②、③处的应变。

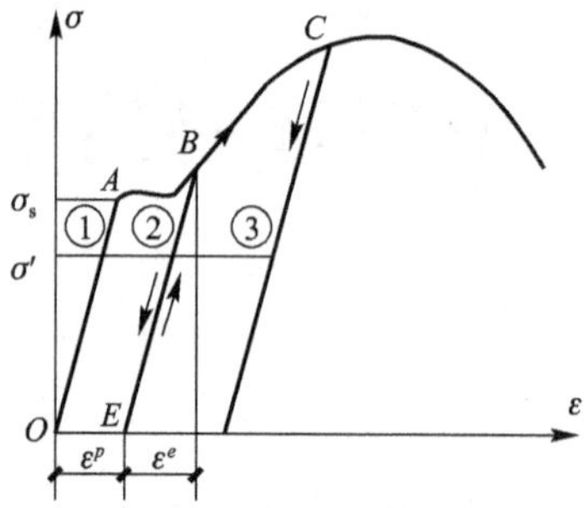

图 1.3

(3)材料在加载和卸载阶段遵循不同的变形规律。

$d\sigma>0$　加载：产生新的塑性变形(同时也产生弹性变形)是非线性的。

$$d\varepsilon=d\varepsilon^p+d\varepsilon^e \tag{1.1}$$

$$d\varepsilon^e=\frac{d\sigma}{E} \tag{1.2}$$

$d\sigma<0$　卸载：按弹性规律变化，假定为线性的，且模量与初始模量相同。

$$d\varepsilon^e=\frac{d\sigma}{E}$$

如在 B 点处卸载(图 1.2)，则 B 点的应变

$$\varepsilon=\varepsilon^p+\varepsilon^e \tag{1.3}$$

$$\varepsilon^e=\frac{\sigma_B}{E} \tag{1.4}$$

加载阶段使得正向屈服应力不断提高，反向屈服应力降低，应力与应变不再是一一对应的单值关系。塑性力学的问题应该从某一已知的初始状态(可以是弹性状态)开始，跟随加载过程，用应力增量与应变增量的关系，逐步将每个时刻的各个增量累加起来得到物体内的应力和应变分布。

2. 几个名词

(1)初始屈服点。一般金属材料以在初始屈服时的应力作为屈服应力，此应力值即初始屈服点(图 1.4 中的 σ_s)，初始屈服点是一个确定的值，它是和材料有关的量。

(2)相继屈服点。材料进入塑性阶段后，即应力值超过屈服应力时，加载和卸载将遵循不同的规律，若卸载后再加载，在第二次加载过程中，弹性系数仍保持不变，但弹性极限及屈服极限有升高现象，其升高程度与塑性变形的历史有关，人们把第二次加载时新的屈服应力，称为相继屈服点或后继屈服点(图 1.4 中的 σ^*)。可见，相继屈服点

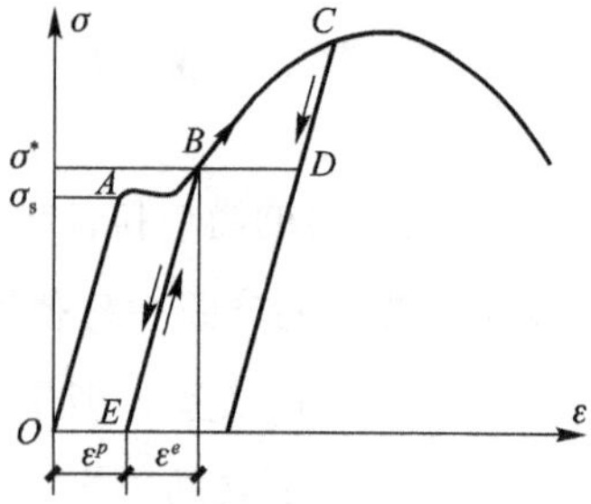

图 1.4

不是一个确定的值，它与加载历史有关。

$$\sigma<\sigma^* \text{时} \quad \sigma=E\varepsilon \tag{1.5}$$

$\sigma>\sigma^*$ 时，不存在 σ-ε 关系，但存在 $(\sigma^*-\sigma)=E(\varepsilon^*-\varepsilon)$，有

$$\sigma>\sigma^* \text{时} \quad \Delta\sigma=E\Delta\varepsilon \tag{1.6}$$

(3)应变强化。如果在塑性变形后逐渐减小载荷(图 1.5 中 BE 线，斜率和最初加载斜率一样)，卸载后再加载，屈服应力提高(其升高程度与塑性变形的历史有关，取决于前面塑性变形的程度)，这种现象称为应变强化或应变硬化(加工硬化)。

(4)等向强化。拉伸时的强化屈服应力和压缩时的强化屈服应力(绝对值)始终是相等的。

(5)随动强化。加载阶段使得正向屈服应力(图 1.5 中的 EB)不断提高，反向屈服应力(图 1.5 中的 EB')降低。但拉伸时的屈服应力和压缩时的屈服应力(的代数值)之差，是不变的。

(6)包辛格效应。卸载后，如果进行反向加载(拉伸改为压缩)，首先出现压缩的弹性变形，后产生塑性变形，但这时新的屈服极限将有所降低，即压缩应力应变曲线比通常的压缩试验曲线屈服得更早，如图 1.6 所示。这种由于拉伸时的强化影响到压缩时的弱化现象称为包辛格效应，简称包氏效应(一般塑性理论中都忽略它的影响)。

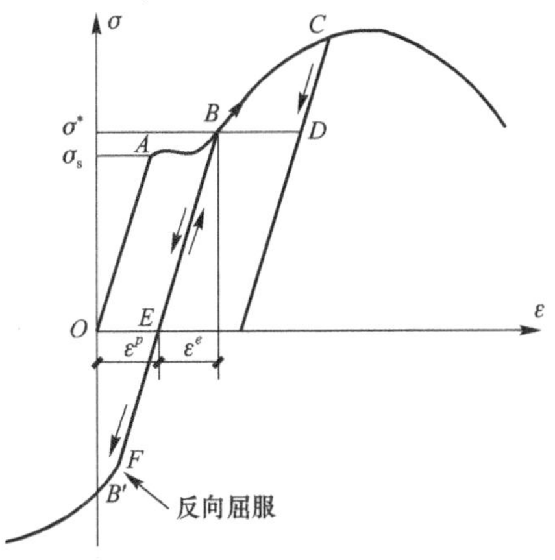

图 1.5

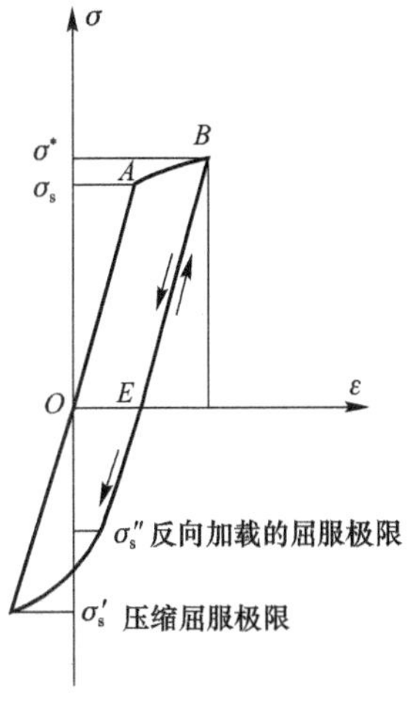

图 1.6

1.1.2　静水压力(各向均匀受压)试验

试验要求：各个方向受均匀压力 p(图 1.7)。当压力达到 15 000 个大气压时，得到各向均匀压力 p 和单位体积变化之间的关系为

$$\varepsilon_m=\frac{\Delta v}{v_0}=ap-bp^2$$

其中 a 和 b 为材料的系数。

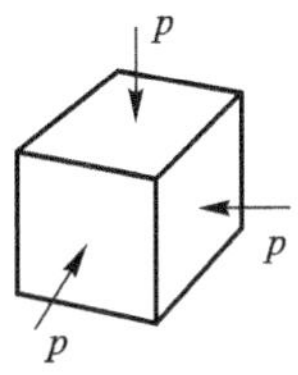

图 1.7

试验证明，对于不太大的压力，公式中的压力平方项是完全可以忽略

的。对一般金属材料，可以认为体积变化基本是弹性的，除去静水压力后体积变形可以完全恢复，没有残余的体积变形。

由静水压力试验可以得到如下结论。

(1)体积应变与静水压力是线性关系。在塑性变形较大时，忽略体积的变化，认为材料是不可压缩的。

(2)静水压力不影响材料的塑性行为，初始屈服点不变。在静水压力不大的条件下，它对材料屈服极限的影响是完全可以忽略的。

需注意，对于铸铁、岩石、土壤等材料，静水压力对屈服应力和塑性变形的大小都有明显的影响，不能忽略。

1.2　材料塑性性能的模型化

鉴于学习塑性力学问题的复杂性，通常在塑性理论中要采用简化措施，得到基本上能反映材料的力学性质，又便于数学计算的简化模型。

1.2.1　应力-应变关系的简化模型

应力-应变关系的简化模型分类如下：

- 应力-应变关系的简化模型
  - 分段模型
    - 理想弹塑性模型(软钢)
    - 线性强化弹塑性模型
  - 连续模型
    - 幂次强化模型
    - *R-O* 模型

1. 理想弹塑性模型(在塑性阶段应力为常数)

如果不考虑材料的强化性质，并且忽略上屈服极限的影响，则模型简化为理想弹塑性模型，如图 1.8 所示。

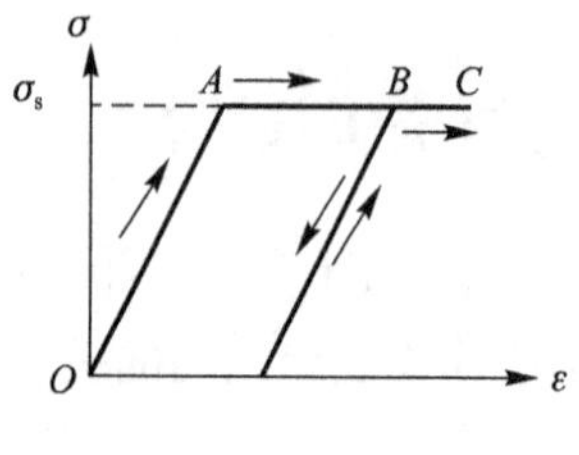

图 1.8

理想弹塑性模型，用于低碳钢或强化性质不明显的材料。

其应力可由下列公式求出：

$$\begin{cases}\sigma=E\varepsilon & \text{当 } \varepsilon\leqslant\varepsilon_s \\ \sigma=\sigma_s=E\varepsilon_s & \text{当 } \varepsilon>\varepsilon_s\end{cases} \tag{1.7}$$

其应变可由下列公式求出(其中 λ 是一个非负的参数)：

$$\begin{cases}\varepsilon=\sigma/E & \text{当 } |\sigma|<\sigma_s \\ \varepsilon=\dfrac{\sigma}{E}+\lambda\mathrm{sign}\sigma & \text{当 } |\sigma|=\sigma_s\end{cases} \tag{1.8}$$

其中

$$\mathrm{sign}\sigma=\begin{cases}1 & \text{当 } \sigma>0 \\ 0 & \text{当 } \sigma=0 \\ -1 & \text{当 } \sigma<0\end{cases}$$

若忽略弹性变形，可得到理想刚塑性模型，其可用于弹性应变比塑性应变小得多且强化性质不明显的材料，如图 1.9 所示。

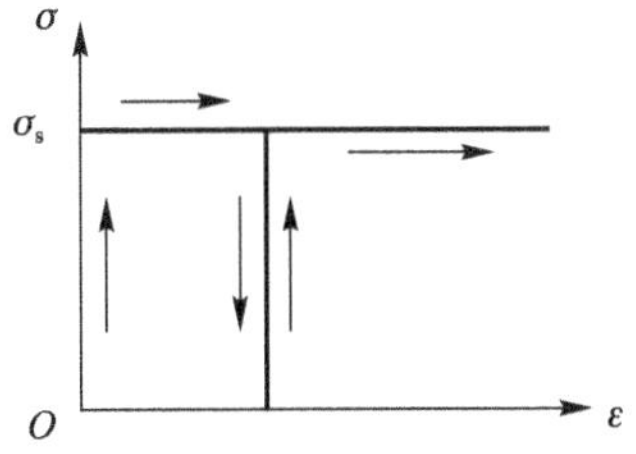

图 1.9

2. 线性强化弹塑性模型

线性强化弹塑性模型，用于有显著强化性质的材料，如图 1.10 所示。

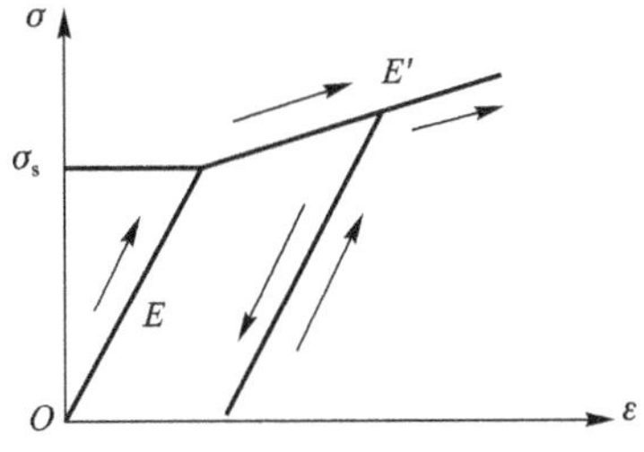

图 1.10

其应力可由下列公式求出：

$$\begin{cases}\sigma=E\varepsilon & \text{当 } \varepsilon\leqslant\varepsilon_s \\ \sigma=\sigma_s+E'(\varepsilon-\varepsilon_s) & \text{当 } \varepsilon>\varepsilon_s\end{cases} \tag{1.9}$$

其应变可由下列公式求出：

$$\begin{cases}\varepsilon=\sigma/E & \text{当 } |\sigma|\leqslant\sigma_s \\ \varepsilon=\dfrac{\sigma}{E}+(|\sigma|-\sigma_s)\left(\dfrac{1}{E'}-\dfrac{1}{E}\right)\mathrm{sign}\sigma & \text{当 } |\sigma|>\sigma_s\end{cases} \tag{1.10}$$

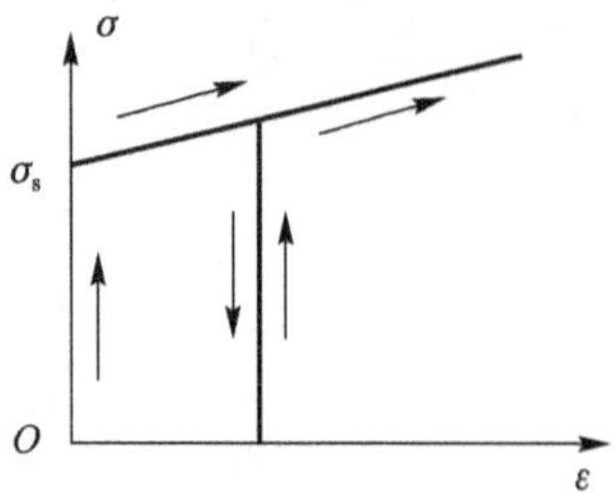

图 1.11

线性强化刚塑性模型，用于弹性应变比塑性应变小得多且强化性质明显的材料(图 1.11)。

3. 幂次强化模型

为简化计算中的解析式，可将应力-应变关系的解析式写为

$$\sigma = B|\varepsilon|^m \mathrm{sign}\varepsilon \tag{1.11}$$

其中，材料常数 B 和强化系数 m 满足 $B>0$，$0<m<1$。当 $m=0$ 时，代表理想塑性模型；当 $m=1$ 时，则为理想弹性模型。如图 1.12 所示，模型在 $\varepsilon=0$ 处的斜率为无穷大，近似性较差，同时由于公式只有两个参数 B 及 m，因而也不能准确地表示材料的性质，然而由于它的解析式很简单，所以也经常被使用。

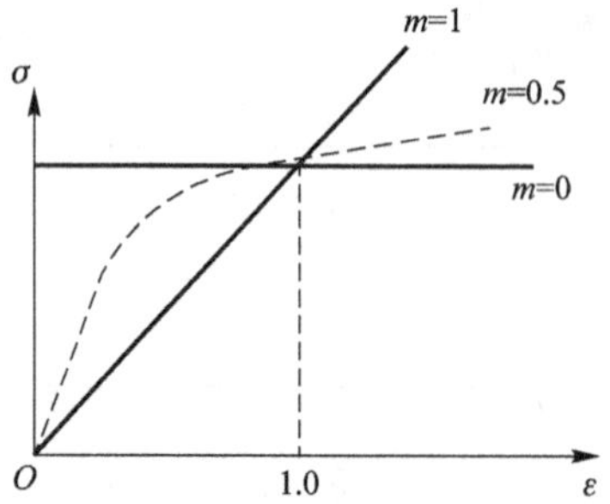

图 1.12

4. *R-O* 模型

R-O 模型的加载规律可写为

$$\frac{\varepsilon}{\varepsilon_0} = \frac{\sigma}{\sigma_0} + \frac{3}{7}\left(\frac{\sigma}{\sigma_0}\right)^n \tag{1.12}$$

如取 $\sigma=\sigma_0$，就有

$$\varepsilon = \frac{10}{7}\varepsilon_0 = \frac{10}{7}\frac{\sigma_0}{E}$$

这对应于割线斜率为 $0.7E$ 的应力和应变。上式中有三个参数可用来刻画实际材料的拉伸特性，且在数学表达式上也较为简单(图 1.13)。

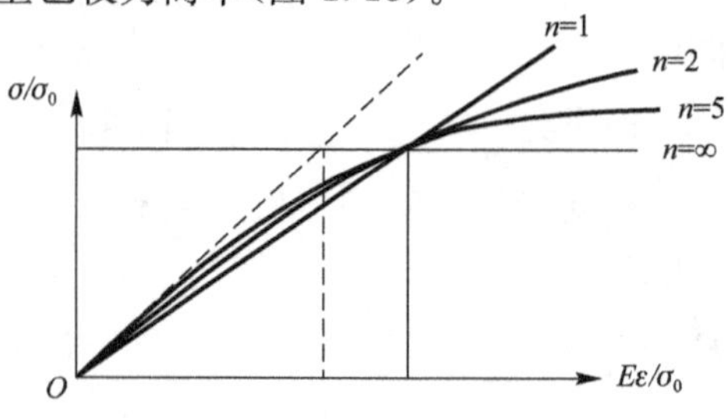

图 1.13

1.2.2　应力-应变关系的三个不同状态

1. 弹性状态

弹性状态对应 σ-ε 关系图 1.14 中的Ⅰ状态，其应力-应变关系满足胡克定律。

Ⅰ
$$\sigma=E\varepsilon$$

2. 弹塑性状态

弹塑性状态对应 σ-ε 关系图 1.14 中的Ⅱ状态，其应力-应变关系为非线性关系，这时应力与应变用增量形式来表达，其表达式取决于模型。

Ⅱ
$$\mathrm{d}\sigma=E_t\mathrm{d}\varepsilon$$

3. 加卸载状态

加卸载状态对应 σ-ε 关系图 1.14 中的Ⅲ状态，其应力与应变用增量形式来表达，为弹性状态，但需要根据加卸载准则判别是处于加载状态还是卸载状态。

Ⅲ
$$\mathrm{d}\sigma=E\mathrm{d}\varepsilon$$

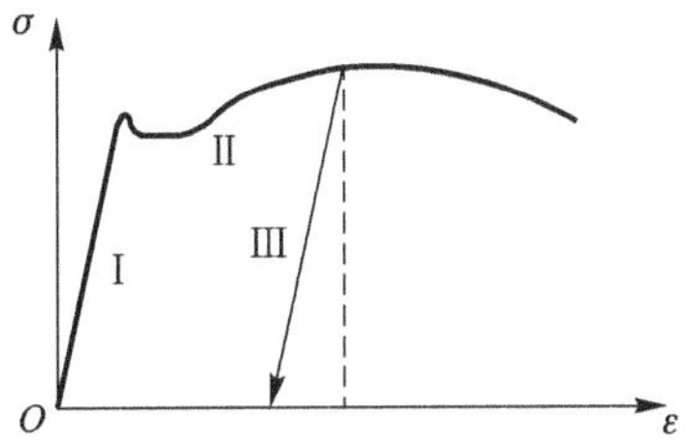

图 1.14

特别注意，不同的状态使用的应力-应变关系不一样，使用时比较复杂，一定要先判断清楚目前所处的是什么状态。

第 2 章　单向应力状态的弹塑性问题

塑性力学研究时仍采用连续介质力学中的假设和基本方法。

(1)受力分析及静力平衡条件(力的分析)。对一点单元体的受力进行分析，若物体受力作用处于平衡状态，则应当满足静力平衡条件。

(2)变形分析及几何相容条件(几何分析)。材料是连续的，物体在受力变形后仍应是连续的。固体内既不产生“裂隙”，也不产生“重叠”。则材料变形时，对一点单元体的变形进行分析，应满足几何相容条件。

(3)力与变形间的本构关系(物理分析)。固体材料受力作用必然产生相应的变形。不同的材料，不同的变形，就有相应不同的物理关系。则对一点单元体的受力与变形间的关系进行分析，应满足物理条件，即本构方程。

2.1　理想弹塑性材料的简单桁架分析

为了全面地了解塑性力学的特点和物理实质，现以三杆桁架作为研究对象，通过分析，找到一些规律性的结果。

设已知三杆桁架(图 2.1)，三根杆的截面面积相同，均为 A。杆件由理想弹塑性材料所制成(图 2.2)。中间杆 2 的杆长为 L，它与相邻的杆 1 和杆 3 的夹角均为 θ，在其汇交点 A 处受到竖向力 P 的作用，A 点将产生垂直位移 δ。对此桁架进行弹塑性分析。

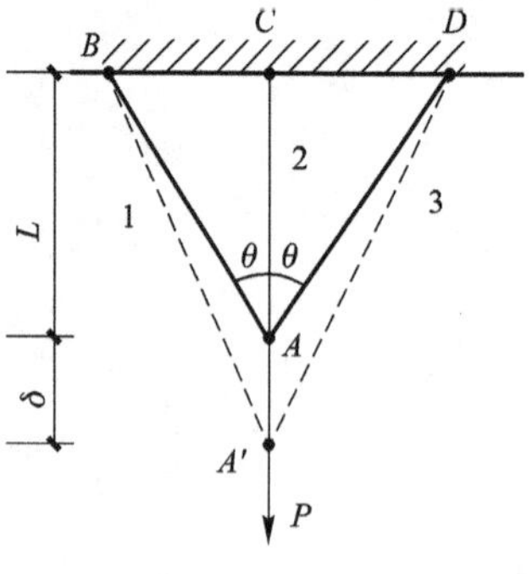

图 2.1

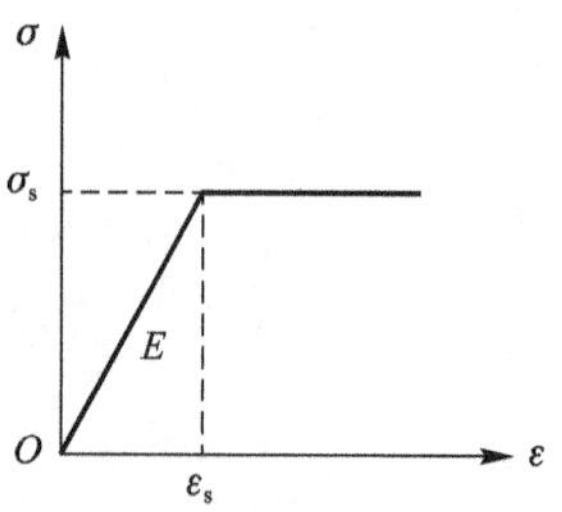

图 2.2

2.1.1　受力分析及静力平衡条件(力的分析)

设三杆的轴力分别为 N_1、N_2、N_3；均假设受拉，其平衡方程为

$$\left.\begin{aligned}&N_1=N_3\\&N_1\cos\theta+N_2+N_3\cos\theta=P\\&\sigma_1=\sigma_3\\&2\sigma_1\cos\theta+\sigma_2=\frac{P}{A}\end{aligned}\right\}\tag{2.1}$$

2.1.2　变形分析及几何相容条件(几何分析)

$$\left.\begin{aligned}&\varepsilon_1=\frac{\delta\cos\theta}{L_1}\\&\varepsilon_2=\frac{\delta}{L}\\&L_1=\frac{L}{\cos\theta}\\&\delta=\frac{\varepsilon_1L_1}{\cos\theta}=\frac{\varepsilon_1L}{\cos^2\theta}\\&\varepsilon_1=\varepsilon_2\cos^2\theta\end{aligned}\right\}\tag{2.2}$$

2.1.3　力与变形间的本构关系(物理分析)

由于不同的状态使用的应力-应变关系不一样，所以需要根据不同的状态分别进行讨论。

P 从零开始增长，开始是弹性阶段。

1. 弹性阶段

本构方程为

$$\sigma_1=E\varepsilon_1,\ \sigma_2=E\varepsilon_2$$

与式(2.1)和式(2.2)联立求解可得

$$\left.\begin{aligned}&\sigma_2=\frac{P}{A(1+2\cos^3\theta)}\\&\sigma_1=\sigma_2\cos^2\theta\end{aligned}\right\}\tag{2.3}$$

由式(2.3)可以看出，当 P 较小时，各杆处于弹性阶段，而第二杆的应力最大。当 P 逐渐增大，$\sigma_2=\sigma_s$ 时，桁架内将出现塑性状态。此时桁架能承受的最大弹性载荷，称为弹性极限载荷，常用 P_e 来表示弹性极限载荷。

$$\sigma_2=\sigma_s$$

$$P = P_e = \sigma_s A(1 + 2\cos^3\theta) \tag{2.4}$$

对应的 A 点位移为

$$\delta_e = \varepsilon_2 L = \frac{\sigma_s L}{E} \tag{2.5}$$

2. 弹塑性阶段($P > P_e$)

弹塑性阶段杆 2 处于屈服阶段。

$$\left.\begin{aligned} &\sigma_2 = \sigma_s \\ &2\sigma_1\cos\theta + \sigma_2 = \frac{P}{A} \\ &\sigma_1 = \left(\frac{P}{A} - \sigma_s\right)/(2\cos\theta) \end{aligned}\right\} \tag{2.6}$$

杆 2 虽然进入塑性流动阶段，但由于它的变形要和杆 1 及杆 3 协调，受到它们仍为弹性变形的约束，因此杆 2 的变形仍是有限的，此时桁架处于约束塑性变形阶段。

随着 P 的进一步增长，杆 2 的应力已不能增长，外载的增量都加在杆 1 及杆 3 上，它们增长较快，变形也较前为大。

当 $\sigma_1 = \sigma_3 = \sigma_s$ 时，三根杆全部进入塑性流动阶段，变形就不再受到任何约束，结构丧失进一步承载的能力，这时载荷 P 称为塑性极限载荷，用符号 P_s 表示。

$$P = \sigma_s A(1 + 2\cos\theta) = P_s \tag{2.7}$$

此时对应的 A 点位移为

$$\delta_s = \frac{\varepsilon_1 L_1}{\cos\theta} = \frac{\sigma_s L}{E\cos^2\theta} = \frac{\delta_e}{\cos^2\theta} \tag{2.8}$$

将式(2.4)和式(2.7)进行比较可得

$$\frac{P_s}{P_e} = \frac{1 + 2\cos\theta}{1 + 2\cos^3\theta} \tag{2.9}$$

当考虑塑性变形时，结构的变形要比纯弹性变形为大，但仍属同一数量级，而相应的承载能力将会提高。

3. 卸载

若加载到 P^* ($P_e < P^* < P_s$)后卸载，卸载按弹性规律。与初始弹性加载时的曲线有相同的斜率。卸载时的载荷-位移曲线如图 2.3 所示。

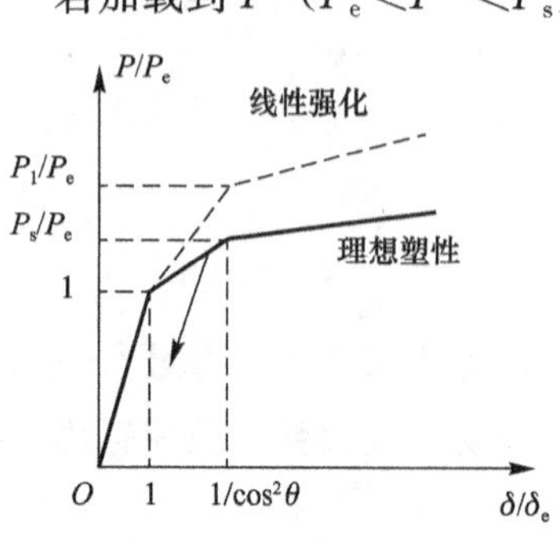

图 2.3

在弹性阶段，若载荷达到最大弹性载荷 P_e，则有

$$\sigma_2 = \frac{P}{P_e}\sigma_s \qquad \sigma_1 = \frac{P}{P_e}\sigma_s\cos^2\theta$$

若载荷变化 ΔP，则有

$$\Delta\sigma_2 = \frac{\Delta P}{P_e}\sigma_s \qquad \Delta\sigma_1 = \frac{\Delta P}{P_e}\sigma_s\cos^2\theta$$

$$\Delta\varepsilon_2 = \frac{\Delta\sigma_2}{E} \qquad \Delta\varepsilon_1 = \frac{\Delta\sigma_1}{E}$$

4. 残余应力和残余应变

当载荷 P 全部卸除后，由 $\Delta P=-P^*$，得到杆中的残余应力和残余应变。

$$\sigma_1^r=\sigma_1^*-\Delta\sigma_1$$

其中，σ_1^* 为弹塑性阶段的 σ_1。

$$\sigma_1^*=\sigma_1=\left(\frac{P^*}{A}-\sigma_s\right)/(2\cos\theta)$$

$$\Delta\sigma_1=\frac{P^*}{P_e}\sigma_s\cos^2\theta$$

所以

$$\sigma_1^r=\left[\left(\frac{P^*}{A}-\sigma_s\right)/(2\cos\theta)\right]-\left[\frac{P^*}{P_e}\sigma_s\cos^2\theta\right]$$

因为

$$P=P_e=\sigma_s A(1+2\cos^3\theta)$$

所以

$$\sigma_1^r=\sigma_1^*-\Delta\sigma_1=\left(\frac{P^*}{P_e}-1\right)\sigma_s/(2\cos\theta)>0$$

同理可得

$$\sigma_2^r=\sigma_2^*-\Delta\sigma_2=(1-\frac{P^*}{P_e})\sigma_s<0$$

$$\varepsilon_1^r=\varepsilon_1^*-\Delta\varepsilon_1=\frac{\sigma_1^r}{E}>0$$

$$\varepsilon_2^r=\varepsilon_2^*-\Delta\varepsilon_2=\frac{\varepsilon_1^r}{\cos^2\theta}>0$$

残余应力和残余应变如图 2.4 所示。

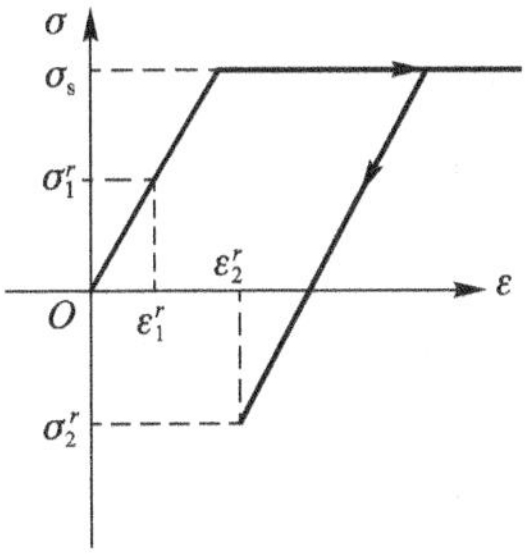

图 2.4

说明：

(1)残余应力应该满足与零外载相对应的平衡方程；

(2)残余应变可分为弹性应变和塑性应变两部分之和，只有静定结构卸载后的残余应变才是塑性应变，有

$$\varepsilon_i^r=\sigma_i^r/E+\varepsilon_i^p\qquad(i=1,\ 2,\ 3)$$

(3)在超静定结构中残余应变一般并不等于塑性应变，实际上，杆 1 和杆 3 的变形规律始终是弹性的，如果卸去载荷并解除三杆之间约束的话，杆 1 和杆 3 中的弹性应变和塑性应变都等于零，而杆 2 则有塑性应变，故在原有的约束下，就必然引起内应力，使这三根杆件的残余应变不等于零。

2.2 强化效应的影响

以如图 2.5 所示的三杆桁架为例，设三根杆的截面面积相同，均为 A。现假定材料是线性强化的(其模型如图 2.6 所示)。中间杆 2 的杆长为 L，它与相邻的杆 1 和杆 3 的夹角均为 θ，在其汇交点 A 处受到竖向力 P 的作用，A 点将产生垂直位移 δ_y。对此桁架进行弹塑性分析。

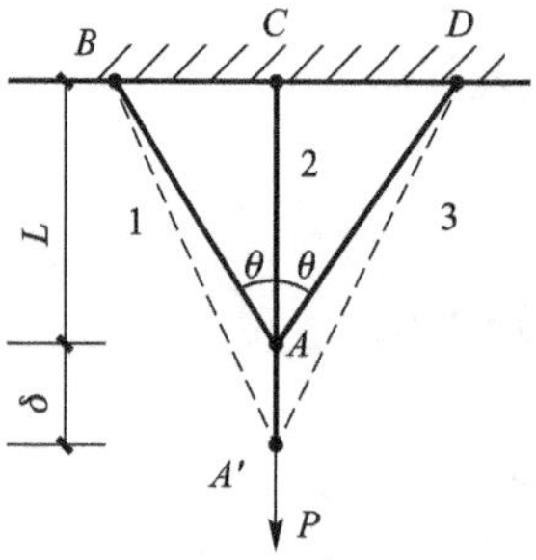

图 2.5

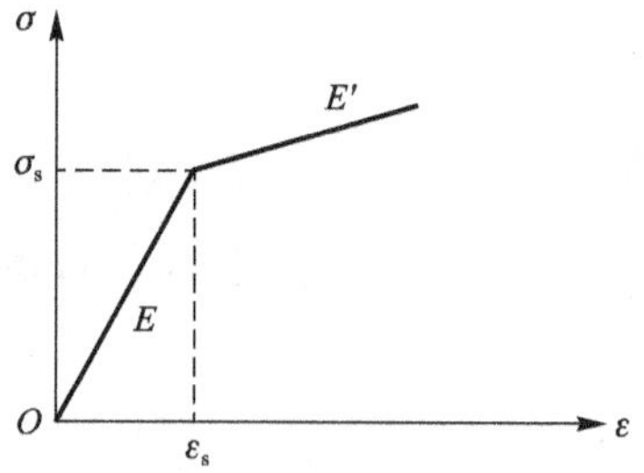

图 2.6

$$\begin{cases}\sigma=E\varepsilon & 当\ 0\leqslant\sigma\leqslant\sigma_s\\ \sigma=\sigma_s+E'(\varepsilon-\varepsilon_s) & 当\ \sigma>\sigma_s\end{cases} \tag{2.10}$$

其中 $\varepsilon_s=\sigma_s/E$，不卸载时其拉伸曲线应力应变关系如下。

(1)当 $P\leqslant P_e$ 时，杆中的应力值仍可表示为

$$\begin{cases}\sigma_1=\dfrac{P}{P_e}\sigma_s\cos^2\theta\\ \sigma_2=\dfrac{P}{P_e}\sigma_s\end{cases}$$

(2)当 $P>P_e$ 时，有

$$\sigma_1=E\varepsilon_1,\ \sigma_3=E\varepsilon_3,\ \sigma_2=\sigma_s+E'(\varepsilon_2-\varepsilon_s)$$

因为

$$\sigma_1=\sigma_3$$
$$\sigma_1\cos\theta+\sigma_2=P/A$$
$$\varepsilon_1=\varepsilon_2\cos^2\theta$$

所以

$$\begin{cases}\sigma_1=\sigma_3=\sigma_s\cos^2\theta\left[\dfrac{1+2\cos^3\theta}{2\cos^3\theta+E'/E}\left(\dfrac{P}{P_e}-1\right)+1\right]\\ \sigma_2=\sigma_s\left[\dfrac{1+2\cos^3\theta}{2\cos^3\theta+E'/E}\left(\dfrac{E'}{E}\right)\left(\dfrac{P}{P_e}-1\right)+1\right]\end{cases}\tag{2.11}$$

(3)当 P 增至 P_s 使 $\sigma_1=\sigma_3=\sigma_s$ 时，杆 1 和杆 3 也开始屈服。

说明：

(1)如取 $E'/E=1/10$(中等强化的情形)，$\theta=30°$ 则 $P_1=1.012P_s$，$\theta=45°$ 则 $P_1=1.041P_s$，与理想弹塑性材料相比，相应的载荷值并没有增加很大，这说明采用理想弹塑性模型可得到较好近似，而计算又相当简化；

(2)当 $P<P_1$ 时，结构的变形仍属于弹性变形的量级，而当 P 超过 P_1 后继续增加时，由于强化效应，结构并不会进入塑性流动状态，但这时的变形将会增长较快。

此时的载荷值为

$$P_1=P_s\left[1+\left(\frac{\tan^2\theta}{1+2\cos\theta}\right)\left(\frac{E'}{E}\right)\right]$$

$$\frac{P_1}{P_s}=1+\left(\frac{\tan^2\theta}{1+2\cos\theta}\right)\left(\frac{E'}{E}\right)$$

例 2.1　图 2.7(a)中的超静定结构，由刚性梁 BE 与横截面面积分别为 A_1、A_2、A_3 的杆 1、杆 2、杆 3 组成，且 $A_1=A_3=A$，$A_2=2A$，$BC=CD=DE$，各杆的材料相同，其拉、压屈服强度均为 σ_s。试求该结构的塑性极限载荷。

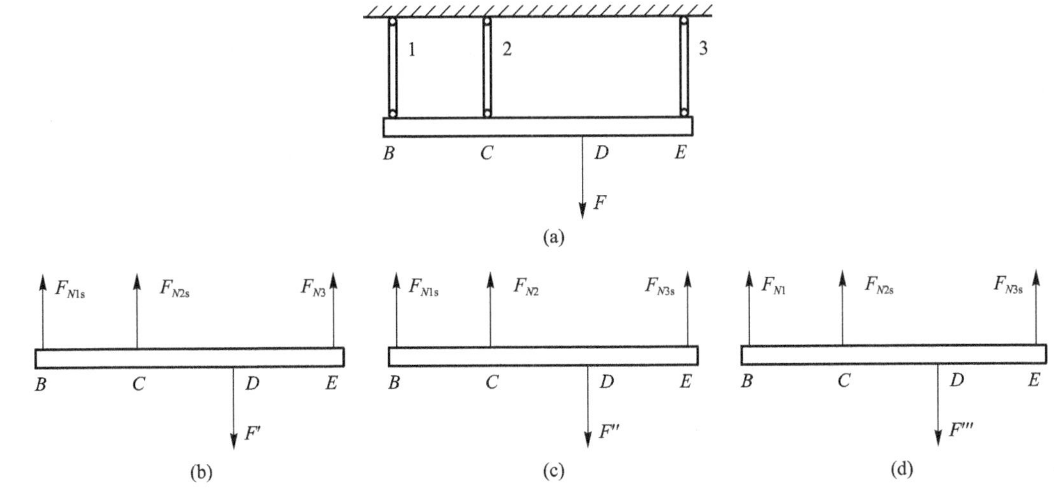

图 2.7

解：此结构为一次超静定结构，有两根杆屈服才进入塑性极限状态，故有三种可能的极限状态。

(1)设杆 1 和杆 2 已屈服，杆 3 未屈服。此时，载荷为 F'，有使刚性梁绕 E 点转动的趋势，如图 2.7(b)所示。

$$\sum M_E = 0 \qquad F' = 3F_{N1s} + 2F_{N2s} = 7A\sigma_s$$

$$\sum M_D = 0 \qquad F_{N3} = 2F_{N1s} + F_{N2s} = 4A\sigma_s > F_{N3s}$$

故这种情况不可能发生。

(2)设杆1和杆3已屈服，杆2未屈服。此时，载荷为F''，有使刚性梁绕C点转动的趋势，如图2.7(c)所示。

$$\sum M_C = 0 \qquad F'' = F_{N1s} + 2\,F_{N2s} = 3A\sigma_s$$

$$\sum M_D = 0 \qquad F''_{N2} = 2F_{N1s} + F_{N3s} = 3A\sigma_s > F_{N2s}$$

故这种情况不可能发生。

(3)设杆2和杆3已屈服，杆1未屈服。此时，载荷为F'''，有使刚性梁绕B点转动的趋势，如图2.7(d)所示。

$$\sum M_B = 0 \qquad F''' = (F_{N2s} + 3F_{N3s})/2 = 2.5A\sigma_s$$

$$\sum M_D = 0 \qquad F_{N1} = (F_{N3s} - F_{N2s})/2 = |0.5A\sigma_s| < F_{N1s}$$

这种状态能出现，故塑性极限载荷为$F_s = 2.5A\sigma_s$。

例2.2 超静定桁架如图2.8所示，五根杆的材料相同，弹性模量为E。σ-ε关系如图2-9所示。五根杆的截面面积均为A，中间杆3的杆长为l，承受铅垂载荷P作用。试求结构的弹性极限载荷P_e和塑性极限载荷P_s。

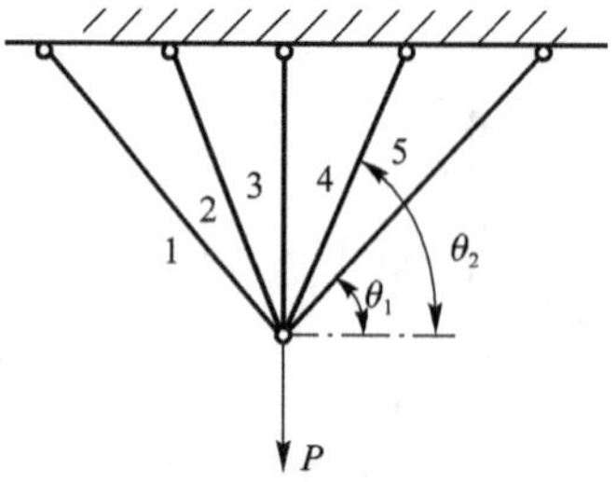

图2.8

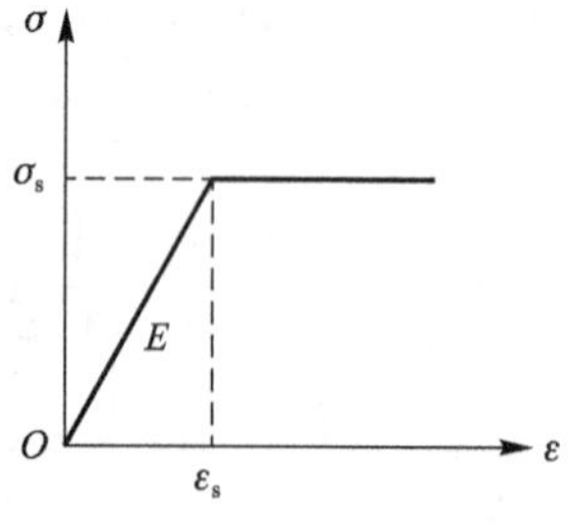

图2.9

解： 当P不大时，五根杆均处于弹性状态。设五根杆的轴力分别为N_1、N_2、N_3和N_4、N_5，如图2.10所示，节点A的静力平衡方程为

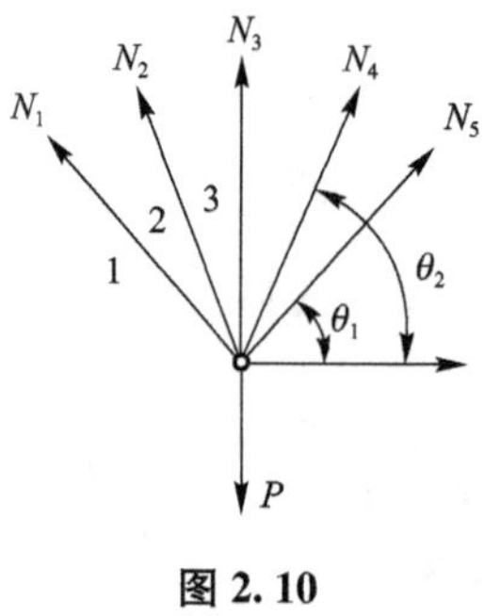

图2.10

$$\sum F_x = 0 \qquad -N_1\cos\theta_1 - N_2\cos\theta_2 + N_4\cos\theta_2 + N_5\cos\theta_1 = 0$$

$$\sum F_y = 0 \qquad N_1\sin\theta_1 + N_2\sin\theta_2 + N_3 + N_4\sin\theta_2 + N_5\sin\theta_1 - P = 0$$

由结构对称性知

$$N_1 = N_5 \qquad N_2 = N_4$$

可知

$$2N_1\sin\theta_1 + 2N_2\sin\theta_2 + N_3 = P$$

受力与变形如图 2.11 所示，由于

$$\Delta l = \frac{N_3 l}{EA}$$

$$\Delta l_1 = \frac{N_1 l}{EA}$$

$$\Delta l_2 = \frac{N_2 l}{EA}$$

$$\sin\theta_1 = \frac{l}{l_1} \approx \frac{\Delta l_1}{\Delta l}$$

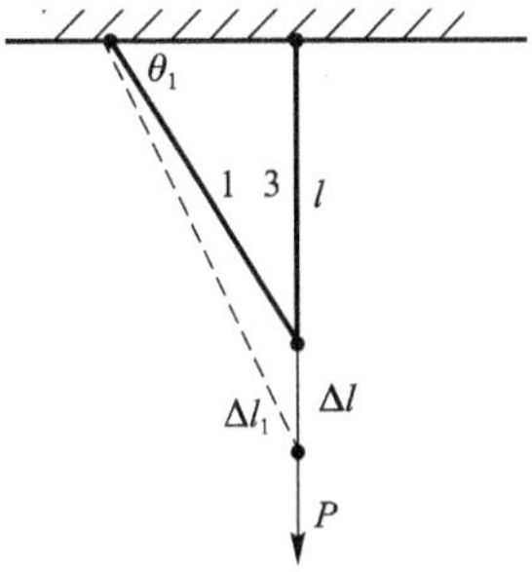

图 2.11

$$\sin\theta_2 = \frac{l}{l_2} \approx \frac{\Delta l_2}{\Delta l}$$

$$\frac{\Delta l_1}{\Delta l} = \frac{N_1 l_1}{N_3 l}$$

$$\frac{\Delta l_2}{\Delta l} = \frac{N_2 l_2}{N_3 l}$$

$$N_1 = N_3\sin^2\theta_1$$

$$N_2 = N_3\sin^2\theta_2$$

解得

$$P = N_3[1 + 2(\sin^3\theta_1 + \sin^3\theta_2)]$$

结构的弹性极限载荷 P_e 为

$$P_e = \sigma_s A[1 + 2(\sin^3\theta_1 + \sin^3\theta_2)]$$

结构的塑性极限载荷 P_s 为

$$P_s = \sigma_s A[1 + 2(\sin\theta_1 + \sin\theta_2)]$$

例 2.3 图 2.12 中 AB 为刚性杆，杆 1 和杆 2 材料的应力-应变曲线如图 2.13 所示，两杆的横截面面积均为 $A = 100\ \text{mm}^2$，在力 F 作用下它们的伸长量分别为 $\Delta L_1 = 1.8$ mm 和 $\Delta L_2 = 0.9$ mm，试问：

(1)此时结构所受载荷 F 为多少；

(2)该结构的极限载荷是多少。

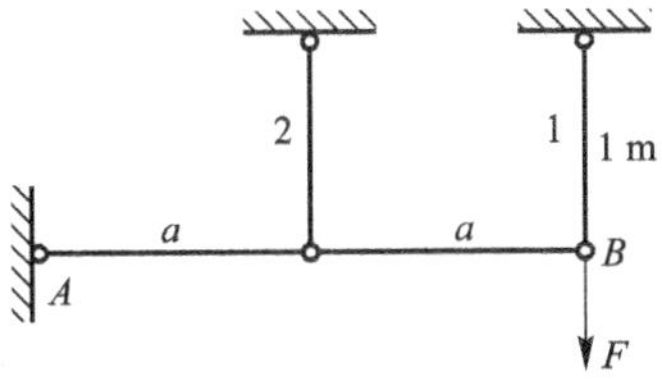

图 2.12

解：(1)确定杆1、杆2是否进入塑性。由图2.13知，若$\varepsilon>1.2\times10^{-3}$则杆将进入塑性屈服。

$$\varepsilon_1=\frac{\Delta L_1}{L_1}=1.8\times10^{-3}>1.2\times10^{-3}$$

可知，杆1已塑性屈服。

$$\varepsilon_2=\frac{\Delta L_2}{L_2}=0.9\times10^{-3}<1.2\times10^{-3}$$

杆2处于弹性变形阶段。

(2)计算载荷F的大小。如图2.14所示，设杆1、杆2的轴力分别为F_{N1}、F_{N2}。因为杆1已塑性屈服，得

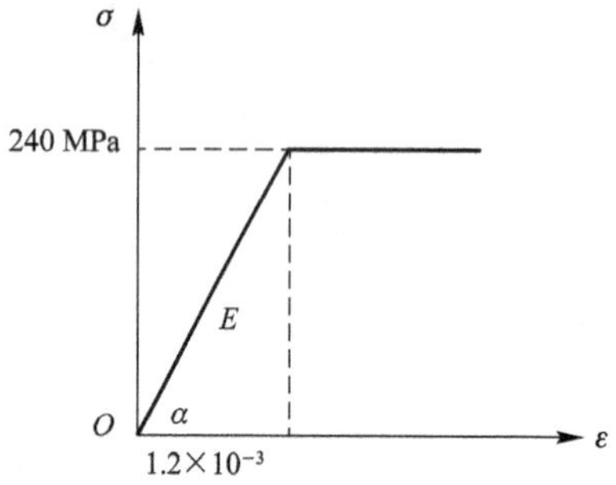

图 2.13

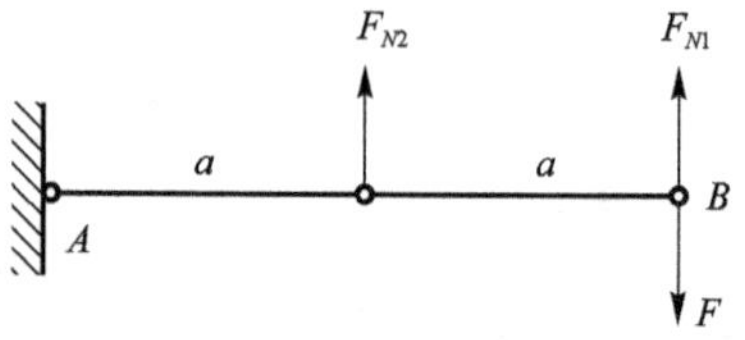

图 2.14

$$\sigma_1=\sigma_s=240\ \text{MPa}$$

$$F_{N1}=A\cdot\sigma_s=100\times10^{-6}\times240\times10^{6}/1\ 000=24(\text{kN})$$

$$\sigma_2=E\varepsilon_2$$

$$F_{N2}=\sigma_2\cdot A=E\cdot\varepsilon_2\cdot A=18\ \text{kN}$$

$$\sum M_A=0\qquad F_{N1}\cdot 2a+F_{N2}\cdot a-F\cdot 2a=0$$

解得

$$F=F_{N1}+\frac{1}{2}F_{N2}=33\ \text{kN}$$

当杆1和杆2均进入塑性变形时，结构成为塑性结构，失去承载能力，这时的F即结构的极限载荷F_s。

$$F_{N1}=F_{N2}=\sigma_s A=240\times100/1\ 000=24(\text{kN})$$

$$F_s=F_{N1}+\frac{1}{2}F_{N2}=36(\text{kN})$$

例2.4 如图2.15所示，杆左端固定，右端与固定支座间有$\delta=0.3$ mm的间隙。材料为理想弹塑性，$E=200$ GPa，$\sigma_s=220$ MPa，杆AB横截面面积$A_1=200\ \text{mm}^2$，BC部分横截面面积$A_2=100\ \text{mm}^2$，试计算杆件的屈服载荷F_e和塑性极限载荷F_s。

解：杆与固定端接触前为静定问题，且BC段不受力。接触后为超静定问题，当AB、

BC段同时屈服时，杆件达到极限状态。

(1)计算屈服载荷。当 $\Delta l_{AB}<\delta$ 时，为静定问题。

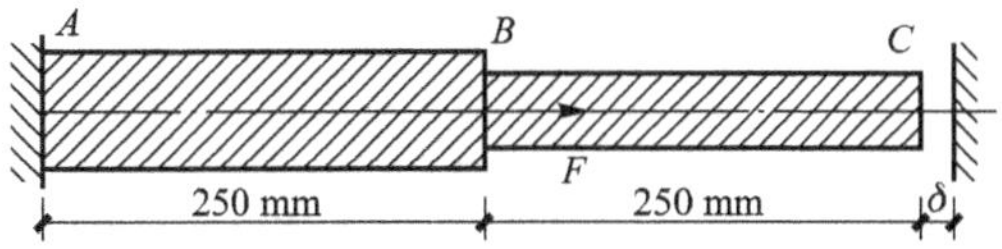

图 2.15

若
$$\Delta l_{AB}=\frac{Fl_{AB}}{EA}=\delta$$

$$F=\frac{EA_1}{l_{AB}}\cdot\delta=\frac{200\times10^9\times200\times10^{-6}}{250}\times0.3/1\,000=48(\text{kN})$$

$$\sigma_{AB}=\frac{F}{A_1}=\frac{48\times10^3}{200}=240(\text{MPa})>\sigma_s$$

即当 AB 变形小于 δ 时，AB 杆已进入塑性屈服。

$$F_e=\sigma_s\cdot A_1=220\times200/1\,000=44(\text{kN})$$

(2)计算极限载荷。当 $F\geqslant F_e$，杆开始自由伸长，直到杆 BC 的 C 端与右固定端相接。然后，继续增大 F，杆 BC 受压，当 BC 杆内压力达到 σ_s 时，结构成为塑性机构，这时的 F 就是结构的极限载荷 F_s。

$$F_s=F_e+\sigma_s\cdot A_2=44+220\times100/1\,000=66(\text{kN})$$

例 2.5　试求图 2.16 中结构开始出现塑性变形时的载荷 P_e 和极限载荷 P_s。假定各杆的横截面面积都为 A，材料是理想弹塑性的，且各杆的材料相同。

解： 设三根杆的轴力分别为 N_1、N_2、N_3，受力如图 2.17 所示。

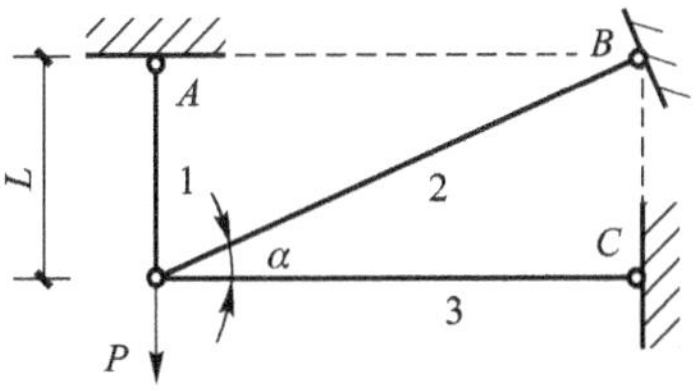

图 2.16

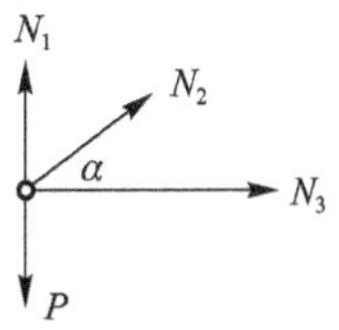

图 2.17

平衡方程：

$$N_2\cos\alpha+N_3=0$$
$$N_2\sin\alpha+N_1=P$$

由上式可知 $N_2>N_3$，即杆 2 比杆 3 先屈服。

由图 2.18 可知其变形条件为

$$\Delta l_2=\Delta l_3\cos\alpha+\Delta l_1\sin\alpha$$

$$\Delta l_1=\frac{N_1 l_1}{EA}\qquad\Delta l_2=\frac{N_2 l_2}{EA}\qquad\Delta l_3=\frac{N_3 l_3}{EA}$$

$$l_3=\frac{l}{\tan\alpha}\qquad l_2=\frac{l}{\sin\alpha}$$

$$\frac{N_2}{\sin\alpha}=N_3\,\frac{1}{\tan\alpha}\cos\alpha+N_1\,\sin\alpha$$

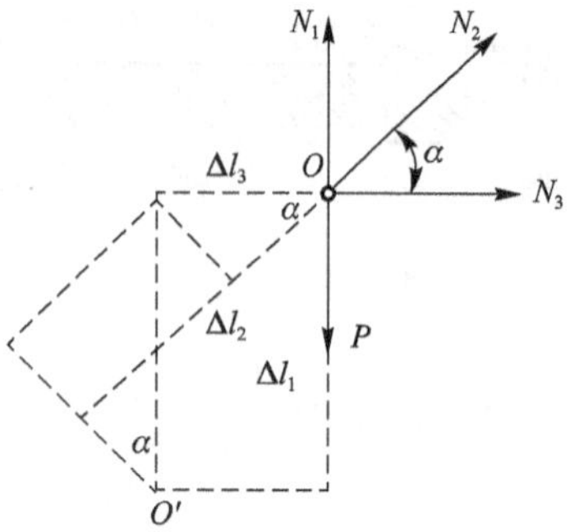

图 2.18

$$N_1=\frac{1+\cos^3\alpha}{1+\sin^2\alpha+\cos^3\alpha}P$$

$$N_2=\frac{\sin\alpha}{1+\sin^2\alpha+\cos^3\alpha}P$$

$$N_3=-\frac{\sin\alpha\cos\alpha}{1+\sin^2\alpha+\cos^3\alpha}P$$

由此可见杆 1 先达到屈服，则有

$$P_e=\sigma_s A\,\frac{1+\sin^2\alpha+\cos^3\alpha}{1+\cos^3\alpha}$$

杆 1、杆 2 均达到屈服时，结构达到极限状态，则有

$$P_s=\sigma_s A(1+\sin\alpha)$$

例 2.6 如图 2.19 所示，两端固定受力杆，在位置 C 处作用着轴向载荷 F，试对杆件进行弹塑性变形分析。

解：(1)弹性状态：当载荷较小时，杆件是弹性状态，由拉压超静定分析上下固定端的支反力为 N_A 和 N_B，如图 2.20 所示。

$$N_A+N_B=F \tag{1}$$

$$\Delta L=0$$

$$\Delta L_{AC}-\Delta L_{BC}=0 \tag{2}$$

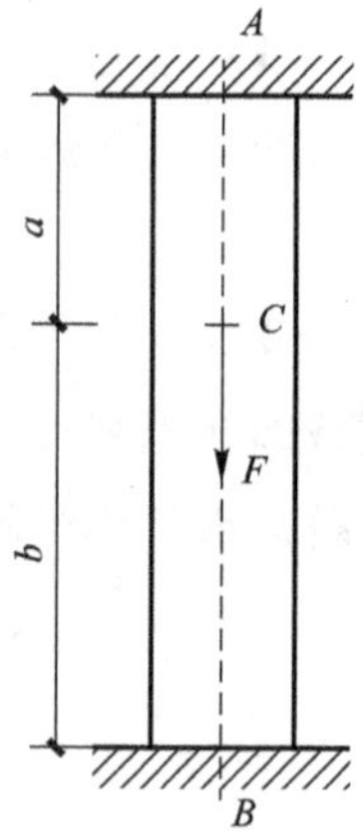

图 2.19

由式(1)、式(2)可得

$$N_A=\frac{Fb}{a+b}\qquad N_B=\frac{Fa}{a+b}$$

F 的作用点 C 的位移 δ(图 2.21)为

$$\delta=\frac{N_A a}{EA}=\frac{Fab}{EA(a+b)}$$

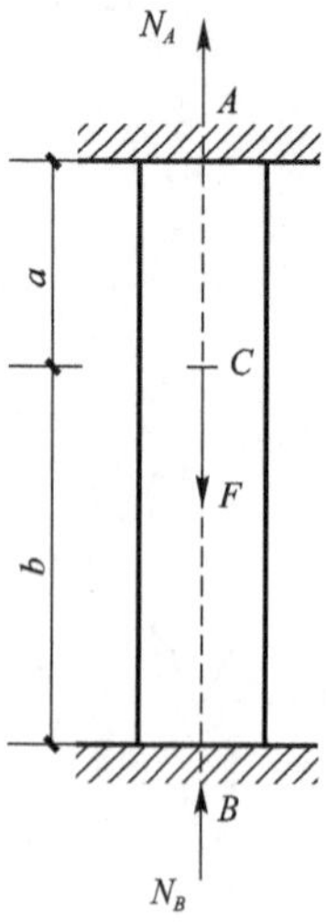

图 2.20

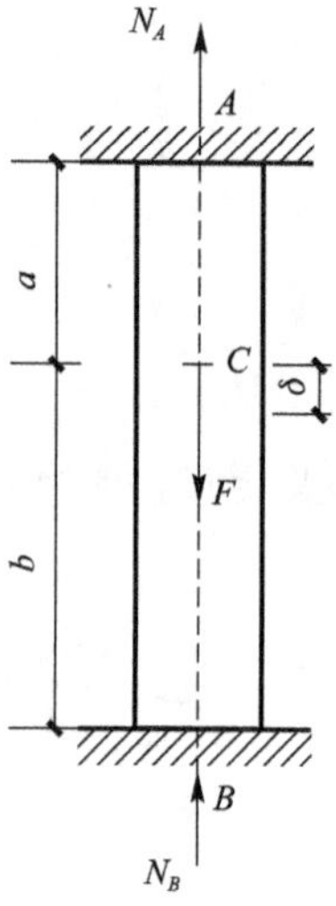

图 2.21

(2)弹塑性状态：如果 $b>a$，则 $F_A>F_B$。随着 F 的增加，AC 段的应力将首先达到屈服极限 σ_s，若相应的载荷为 F_e，F 力作用点 C 的位移为 δ_e，则可求得

$$N_A=\frac{F_e b}{a+b}=A\sigma_s$$

$$F_e=\frac{A\sigma_s(a+b)}{b}$$

$$\delta_e=\frac{\sigma_s a}{E}$$

在上述加载过程中，F 及 δ 的关系如图 2.22 中直线 Oa 所示。如果按照应力不能超出弹性阶段的强度要求，这里的 F_e 就是危险载荷，即弹性极限载荷。但实际情况是，虽然这时 AC 段已进入塑性阶段，而 CB 段仍处于弹性阶段，杆件并未失去承载能力，载荷还可以继续增加。

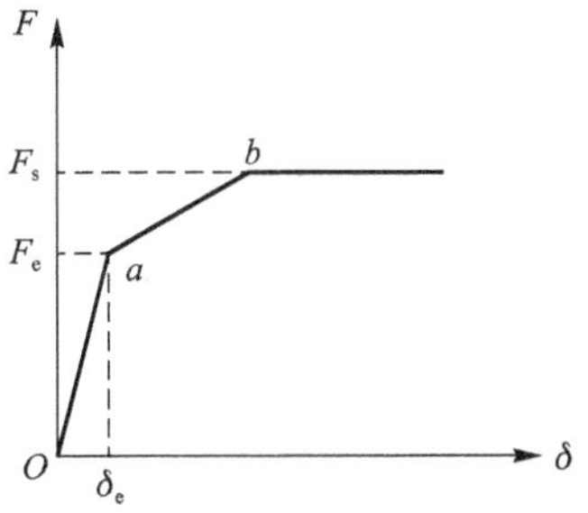

图 2.22

(3)塑性极限状态：若材料为理想弹塑性材料，当载荷 $F>F_e$ 时，AC 段变形可以增大，但轴力保持为常量 $A\sigma_s$，由平衡方程可知

$$A\sigma_s+N_B=F$$

F 的作用点 C 的位移 δ 为

$$\delta=\frac{N_B b}{EA}$$

$$\delta_e=\frac{\sigma_s a}{E}$$

$$\delta=\delta_e+\frac{(F-F_e)b}{EA}$$

载荷一直增加到 CB 段也进入塑性阶段时，$N_B=A\sigma_s$，由平衡方程

$$N_A+N_B=F$$

可知

$$F_s=2\,A\sigma_s$$

此时，整个杆件都进入塑性变形阶段。因为是理想弹塑性材料，杆件可持续发生塑性变形，而无须再增加载荷，它已失去了承载能力。F_s 称为塑性极限载荷，简称极限载荷。

从 F_e 到 F_s，载荷 F 与位移 δ 的关系如图 2.22 中直线 ab 所示。达到极限载荷后，载荷 F 与位移 δ 的关系变为水平直线。

在实际工作中，人们凭力学知识或经验常常可估计出正确的一组极限状态，判断的原则有：

(1)当各杆屈服内力大约相等时，平行杆系中大概是距离载荷最远的杆件，汇交力系中大概是与载荷接近垂直的杆件不会先屈服；

(2)如果各杆屈服内力相差很大，则屈服内力大的杆件不会先屈服。

2.3　加载路径对应力和应变的影响

如图 2.23 所示，三根杆的截面面积均为 A，中间杆 2 的杆长为 L，它与相邻的杆 1 和杆 3 的夹角均为 $\theta=45°$，其汇交点 O 处作用水平力 Q 和垂直向下的力 P，将 P 和 Q 按不同的加载方案加在桁架上，试分析对桁架内的应力和应变有何影响。

方案①

先只加 P 使桁架达到极限载荷 P_s，然后在保持节点竖直位移 δ_y 不变的情形下增加 Q 直到 Q_s，如图 2.24 路径①所示。

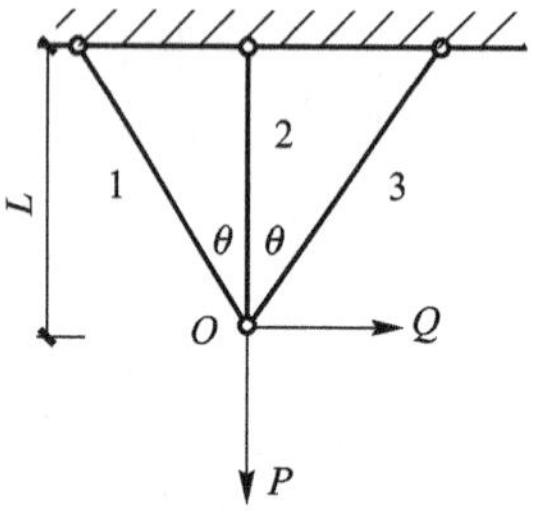

图 2.23

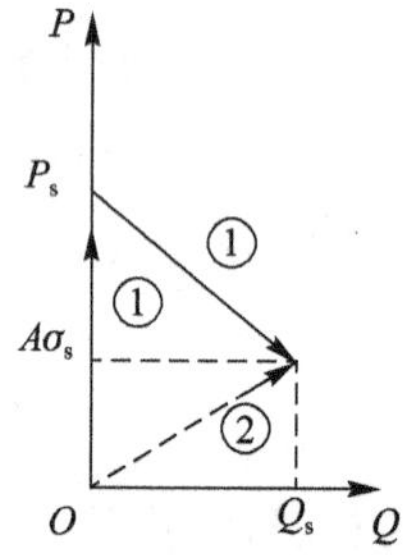

图 2.24

由平衡方程可知：

$$\sigma_2 A+\sigma_1 A\cos45°+\sigma_3 A\cos45°-P=0$$
$$-\sigma_1 A\sin45°+\sigma_3 A\sin45°+Q=0$$

即

$$\left.\begin{aligned}&\sigma_2+\frac{\sqrt{2}}{2}(\sigma_1+\sigma_3)=\frac{P}{A}\\&\frac{\sqrt{2}}{2}(\sigma_1-\sigma_3)=\frac{Q}{A}\end{aligned}\right.\tag{2.12}$$

以 ΔP、ΔQ 表示载荷 P、Q 的改变，则由平衡方程可得

$$\Delta\sigma_2+\frac{\sqrt{2}}{2}(\Delta\sigma_1+\Delta\sigma_3)=\frac{\Delta P}{A}$$
$$\frac{\sqrt{2}}{2}(\Delta\sigma_1-\Delta\sigma_3)=\frac{\Delta Q}{A}\tag{2.13}$$

由几何关系(图 2.25、图 2.26)可知：

$$\left.\begin{aligned}&\Delta\varepsilon_1=(\Delta\delta_y+\Delta\delta_x)/2L\\&\Delta\varepsilon_2=\Delta\delta_y/L\\&\Delta\varepsilon_3=(\Delta\delta_y-\Delta\delta_x)/2L\end{aligned}\right\}\tag{2.14}$$

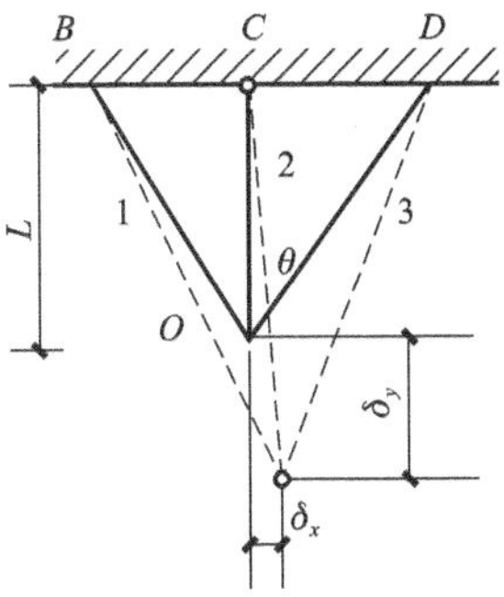

图 2.25

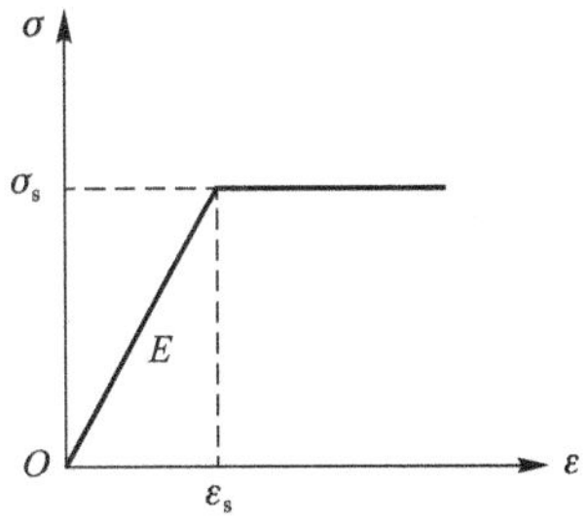

图 2.26

得到协调条件为

$$\Delta\varepsilon_2=\Delta\varepsilon_1+\Delta\varepsilon_3 \tag{2.15}$$

现保持 δ_y 不变，即 $\Delta\delta_y=0$，$\delta_y=2\delta_e$；施加横向力 Q，则 $\Delta\delta_x=\delta_x>0$。由此得 $\Delta\varepsilon_1>0$，$\Delta\varepsilon_2=0$，$\Delta\varepsilon_3<0$。那么，杆 1 和杆 2 仍保持塑性状态，即 $\sigma_1=\sigma_2=\sigma_s$，$\Delta\sigma_1=\Delta\sigma_2=0$，而杆 3 卸载。结构整体加载，局部(杆 3)卸载。

杆 3 以弹性规律卸载

$$\Delta\sigma_3=E\Delta\varepsilon_3=-E\left(\frac{\Delta\delta_x}{2L}\right)$$

由平衡方程

$$\Delta\sigma_2+\frac{\sqrt{2}}{2}(\Delta\sigma_1+\Delta\sigma_3)=\frac{\Delta P}{A}$$

$$\frac{\sqrt{2}}{2}(\Delta\sigma_1+\Delta\sigma_3)=\frac{\Delta Q}{A} \tag{2.16}$$

可知，载荷增量为

$$\Delta P=\left(\frac{\sqrt{2}A}{2}\right)\Delta\sigma_3$$

$$Q=\Delta Q=-\left(\frac{\sqrt{2}A}{2}\right)\Delta\sigma_3=-\Delta P$$

当杆 3 卸载到 $\sigma_3=-\sigma_s$ 时，$\Delta\sigma_3=-2\sigma_s$，有

$$\Delta P=-\sqrt{2}A\sigma_s$$

$$Q=\Delta Q=\sqrt{2}A\sigma_s$$

$$P=P_s+\Delta P=A\sigma_s$$

三根杆同时屈服，结构再次进入塑性流动阶段。

因 δ_y 不变，即 $\delta_y=2\delta_e$。

由式 $\left.\begin{aligned}&\Delta\sigma_3=E\Delta\varepsilon_3=-E\left(\frac{\delta_x}{2L}\right)\\&\Delta\sigma_3=-2\sigma_s\end{aligned}\right\}$可知　$\delta_x=4\delta_e$。

方案②

以 $Q=\sqrt{2}P$ 的加载关系，按路径②(Q,P)由$(0,0)$加载到最终的$(\sqrt{2}A\sigma_s,A\sigma_s)$。

(1)弹性阶段。由平衡方程

$$\sigma_2+\frac{\sqrt{2}}{2}(\sigma_1+\sigma_3)=\frac{P}{A}$$

$$\frac{\sqrt{2}}{2}(\sigma_1-\sigma_3)=\frac{Q}{A}$$

变形协调方程

$$\varepsilon_2=\varepsilon_1+\varepsilon_3$$

路径方程

$$Q=\sqrt{2}P$$

可得应力分布为

$$\left.\begin{aligned}\sigma_1&=\frac{P}{A}\left(\frac{1}{2+\sqrt{2}}+1\right)>0\\\sigma_2&=\frac{P}{A}\left(\frac{2}{2+\sqrt{2}}\right)>0\\\sigma_3&=\frac{P}{A}\left(\frac{1}{2+\sqrt{2}}-1\right)<0\end{aligned}\right\}\tag{2.17}$$

(2)弹塑性阶段。随着 P 的增长，杆 1 最先达到屈服，当 $\sigma_1=\sigma_s$ 时，

$$P=P_e=\left[\frac{2+\sqrt{2}}{3+\sqrt{2}}\right]A\sigma_s\tag{2.18}$$

对应的各杆的应力为

$$\left.\begin{aligned}\sigma_1^e&=\sigma_s\\\sigma_2^e&=\left(\frac{2}{3+\sqrt{2}}\right)\sigma_s\\\sigma_3^e&=-\left[\frac{1+\sqrt{2}}{3+\sqrt{2}}\right]\sigma_s\end{aligned}\right\}\tag{2.19}$$

对应的位移为

$$\delta_x^e=2\left[\frac{2+\sqrt{2}}{3+\sqrt{2}}\right]\delta_e\qquad\delta_y^e=\left(\frac{2}{3+\sqrt{2}}\right)\delta_e\tag{2.20}$$

如继续加载，则杆 1 进入屈服阶段。

$$\sigma_1=\sigma_s\qquad\Delta\sigma_1=0$$

因为

$$\Delta Q=\sqrt{2}\Delta P$$

$$\Delta\sigma_2+\frac{\sqrt{2}}{2}(\Delta\sigma_1-\Delta\sigma_3)=\frac{\Delta P}{A}$$

$$\frac{\sqrt{2}}{2}(\Delta\sigma_1-\Delta\sigma_3)=\frac{\Delta Q}{A}$$

$$\begin{cases}\Delta\sigma_2=(1+\sqrt{2})\dfrac{\Delta P}{A}>0\\ \Delta\sigma_3=-2\dfrac{\Delta P}{A}<0\end{cases}\tag{2.21}$$

所以，杆 2 继续受拉，杆 3 继续受压。

各杆的应力为
$$\begin{cases}\sigma_1=\sigma_s\\ \sigma_2=\sigma_2^e+\Delta\sigma_2\\ \sigma_3=\sigma_3^e+\Delta\sigma_3\end{cases}$$

(3)塑性阶段。在 $\sigma_1=\sigma_s$，$\sigma_2=\sigma_s$，$\sigma_3=-\sigma_s$ 时，三杆同时进入塑性状态。

$$\Delta P=\left(\frac{1}{3+\sqrt{2}}\right)A\sigma_s\tag{2.22}$$

对应的位移增量为

$$\Delta\delta_x=\left(\frac{5+\sqrt{2}}{3+\sqrt{2}}\right)\delta_e\qquad \Delta\delta_y=\left(\frac{1+\sqrt{2}}{3+\sqrt{2}}\right)\delta_e$$

最终的位移为

$$\boxed{\delta_x^e=2\left(\frac{2+\sqrt{2}}{3+\sqrt{2}}\right)\delta_e\qquad \delta_y^e=\left(\frac{2}{3+\sqrt{2}}\right)\delta_e}$$

$$+$$

$$\boxed{\Delta\delta_x=\left(\frac{5+\sqrt{2}}{3+\sqrt{2}}\right)\delta_e\qquad \Delta\delta_y=\left(\frac{1+\sqrt{2}}{3+\sqrt{2}}\right)\delta_e}$$

$$\|$$

$$\boxed{\delta_x=3\delta_e\qquad \delta_y=\delta_e}\tag{2.23}$$

两种方案的比较(图 2.27)。

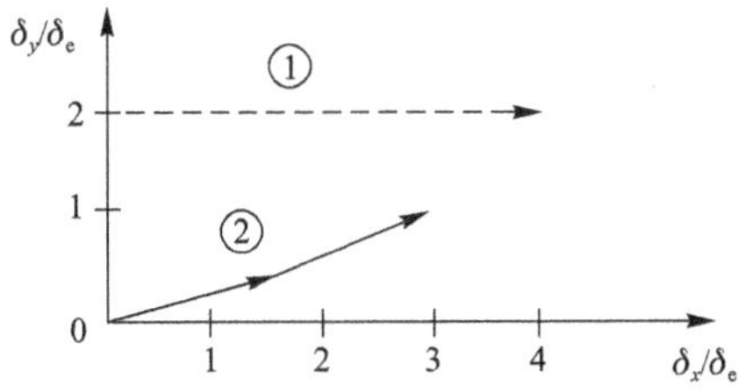

图 2.27

方案① $\delta_x=4\delta_e$ $\delta_y=2\delta_e$

方案② $\delta_x=3\delta_e$ $\delta_y=\delta_e$

结论：两种加载路径下虽然可得到相同的应力值，但各杆的应变和 O 点最终位移值却是不同的。对于更复杂的超静定结构和更复杂的加载路径，结构中的应力值一般也是不相同的。

图 2.28 表示载荷和垂直位移的关系。从中可以看到当考虑塑性变形时，结构的变形要比纯弹性变形为大，但仍为同一数量级，而相应的承载能力将会有相当的提高。

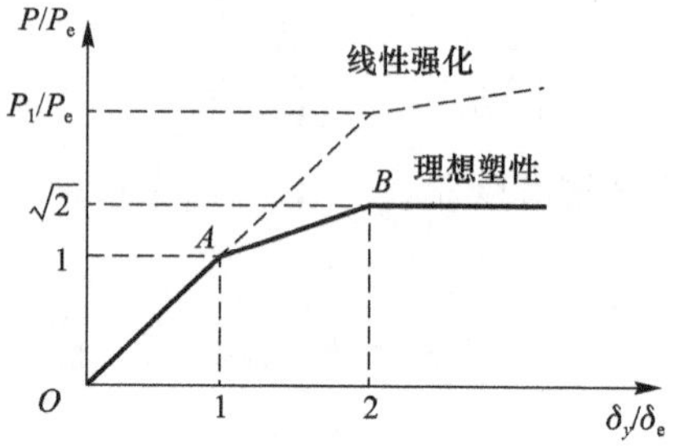

图 2.28

2.4 矩形截面梁的弹塑性纯弯曲

关于梁的两个假定(材料力学)如图 2.29 所示。

(1)平截面假定：梁的横截面在变形之后仍然保持平面。

(2)截面上正应力对变形的影响是主要的，其他应力分量的影响可以忽略。故应力-应变关系可简化为正应力 σ 和正应变 ε 之间的关系。

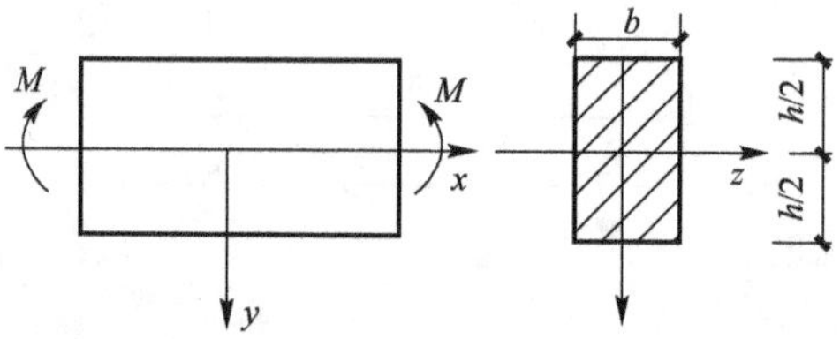

图 2.29

基本关系式

$$\varepsilon_x=\varepsilon=\frac{y}{\rho} \tag{2.24}$$

其中，ρ 为梁的曲率半径。

$$K=\frac{1}{\rho} \tag{2.25}$$

几何方程：

$$\varepsilon=Ky+\varepsilon_0 \tag{2.26}$$

对小变形情形，有

$$\left.\begin{aligned}\frac{1}{\rho}&=\frac{M}{EI}\\ EIw''&=-M\end{aligned}\right\}k=-\frac{\partial^2 w}{\partial x^2}\tag{2.27}$$

对于纯弯曲截面梁上要满足的条件：

$$N=b\int_{-h/2}^{h/2}\sigma(x,y)\mathrm{d}y=0\tag{2.28}$$

$$M=b\int_{-h/2}^{h/2}y\sigma(x,y)\mathrm{d}y\tag{2.29}$$

2.4.1　弹性阶段

弹性阶段受力公式如下：

$$\left.\begin{aligned}\sigma&=E\varepsilon=E(Ky+\varepsilon_0)\\ N&=b\int_{-h/2}^{h/2}\sigma(x,y)\mathrm{d}y=0\end{aligned}\right\}\varepsilon_0=0\tag{2.30}$$

$$\left.\begin{aligned}\sigma&=E\varepsilon=EKy\\ M&=b\int_{-h/2}^{h/2}y\sigma(x,y)\mathrm{d}y\end{aligned}\right\}M=b\int_{-h/2}^{h/2}y^2EK\mathrm{d}y\tag{2.31}$$

$$\left.\begin{aligned}M&=2bEK\int_0^{h/2}y^2\mathrm{d}y=\frac{1}{12}bh^3EK\\ J&=\frac{1}{12}bh^3\end{aligned}\right\}\quad\left.\begin{aligned}M&=EKJ\\ \sigma&=E\varepsilon=EKy\end{aligned}\right\}\tag{2.32}$$

$$\sigma=\frac{My}{J}$$

截面上的应力分布情况如图 2.30 所示。

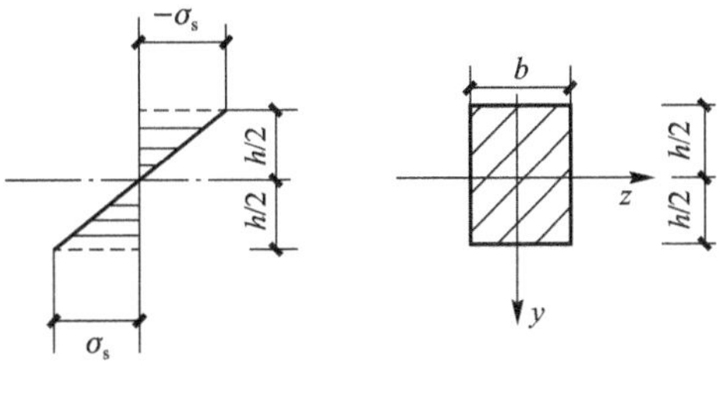

图 2.30

弹性极限弯矩

$$M_e=EK_eJ=\frac{1}{12}bh^3\ EK_e\tag{2.33}$$

$$M=M_e=\frac{bh^2}{6}\sigma_s\tag{2.34}$$

$$K_e=\frac{2\sigma_s}{Eh}=\frac{2\varepsilon_s}{h}$$

由 $M=EKJ$，得

$$\frac{M}{M_e}=\frac{K}{K_e} \tag{2.35}$$

2.4.2 弹塑性阶段

随着 M 的增大，塑性区将由梁的外层向内逐渐扩大。截面上的应力分布情况如图 2.31 所示，其中 y_0 是梁的中性面到弹塑性分界面的距离。

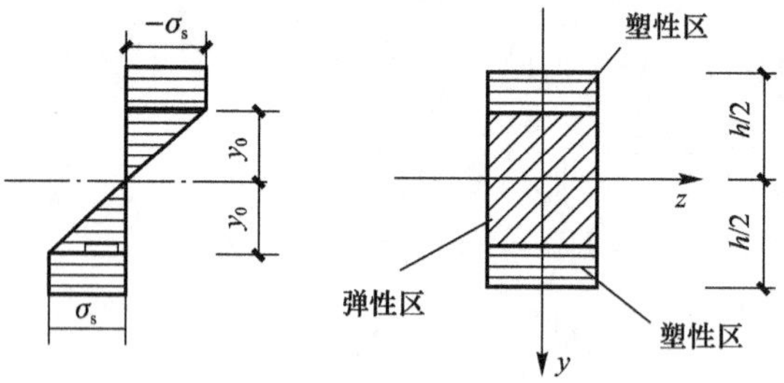

图 2.31

设弹塑性区交界处的值为 $\pm y_0$，当 $M>M_e$ 则有

$$\sigma=\begin{cases} EKy & 当|y|\leqslant y_0 \\ \sigma_s & 当 y_0\leqslant y\leqslant h/2 \\ -\sigma_s & 当 -y_0\geqslant y\geqslant -h/2 \end{cases} \tag{2.36}$$

截面上的弯矩[图 2.32(a)]可写为

$$M(y_0)=2b\left\{\int_0^{y_0} y\left(\frac{y}{y_0}\right)\sigma_s \mathrm{d}y+\int_{y_0}^{h/2} y\sigma_s \mathrm{d}y\right\} \tag{2.37}$$

当 $M=M_s$ 时，截面上的应力分布情况如图 2.32(b) 所示，此时是截面工作的极限状态。

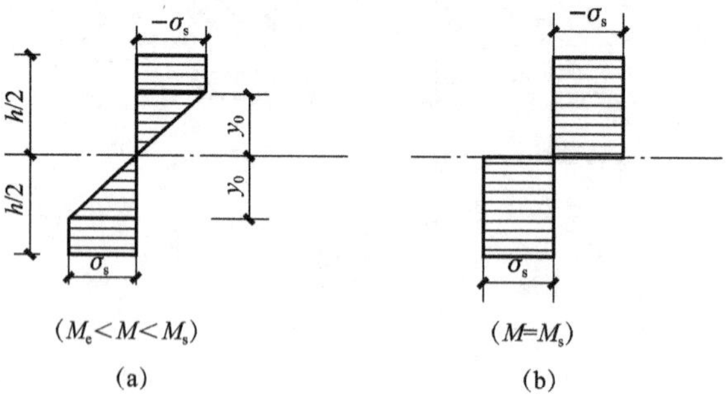

图 2.32

由于 $$y_0=\zeta h/2$$

则由式(2.37)可得

$$|M(\zeta)|=\frac{M_e}{2}(3-\zeta^2) \qquad (0\leqslant\zeta\leqslant1) \tag{2.38}$$

当 $y=y_0$ 时，

$$\left.\begin{array}{r}\sigma=\sigma_s\\ \sigma_s=\dfrac{My_0}{J}\end{array}\right\}\left.\begin{array}{l}y_0=\zeta h/2\\ \sigma=\dfrac{M_y}{J}\\ M=EKJ\end{array}\right\}\left.\begin{array}{l}K=\dfrac{2\sigma_s}{E\zeta h}\sigma=\dfrac{My}{J}\\ M=EKJK_e=\dfrac{2\sigma_s}{Eh}\end{array}\right\}$$

$$K=K_e/\zeta \tag{2.39}$$

当同时考虑 $M<0$ 的情形时，$K=(\mathrm{sign}M)K_e/\zeta$

$$\left.\begin{array}{r}|M(\zeta)|=\dfrac{M_e}{2}(3-\zeta^2)\quad(0\leqslant\zeta\leqslant1)\\ K=K_e/\zeta\end{array}\right\}\left|\frac{M}{M_e}\right|=\frac{1}{2}[3-(K_e/K)^2] \tag{2.40}$$

或

$$\frac{K}{K_e}=(\mathrm{sign}M)\frac{1}{\sqrt{3-2|M|/M_e}} \tag{2.41}$$

以上关系如图 2.33 所示。由图可知，虽然梁截面的外层纤维已进入塑性屈服阶段，但由于其中间部分仍处于弹性阶段，“平截面”的变形特性限制了外层纤维塑性变形的大小，因而它们处于约束塑性变形状态，梁的曲率完全由中间弹性部分控制。

由

$$|M(\zeta)|=\frac{M_e}{2}(3-\zeta^2)$$

当 $\zeta\to0$ 时，

$$M=M_s=\frac{3}{2}M_e=\frac{\sigma_s}{4}bh^2 \tag{2.42}$$

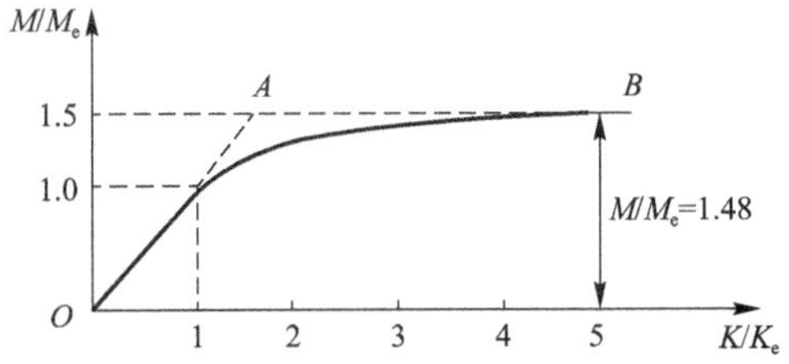

图 2.33

当 M 趋近于塑性极限弯矩时，梁丧失了进一步承受弯矩的能力，弹性区也收缩为零。在 $y=\pm0$ 处上下纤维的正应力从 $+\sigma_s$ 跳到 $-\sigma_s$，出现正应力的强间断。

由图 2.33 可以看出，当 $K=5K_e$ 时，$M=1.48M_e$。说明当变形限制在弹性变形的量级时，材料的塑性变形可以使梁的抗弯能力得到提高。

式(2.42)表明，对于矩形截面梁

$$M_s=\frac{3}{2}M_e \tag{2.43}$$

即

$$\frac{M_s}{M_e}=1.5$$

例 2.7　如图 2.34 所示，设材料拉伸的应力-应变关系为 $\sigma=C\varepsilon^n$，式中 C 及 n 皆为常量，且 $0\leqslant n\leqslant1$。压缩的应力-应变关系与拉伸的相同。梁截面是高为 h、宽为 b 的矩形。

试导出纯弯曲时弯曲正应力的计算公式。

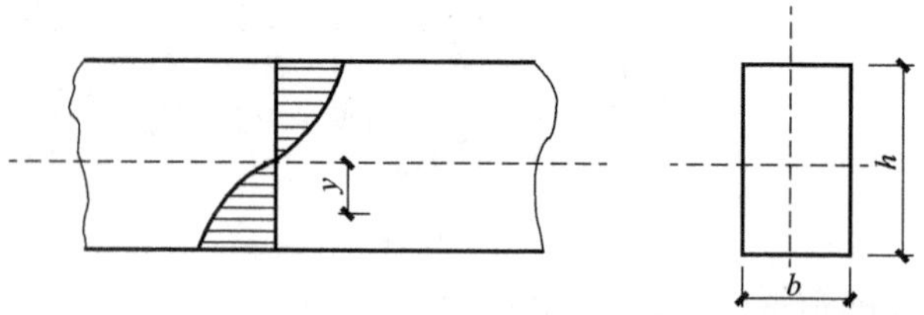

图 2.34

解： 根据平面假设，变形几何关系为

$$\varepsilon=\frac{y}{\rho}$$

因而距中性层为 y 的纤维的应力为

$$\sigma=C\varepsilon^n=C\frac{y^n}{\rho^n}$$

由静力学条件知：$$N=\int\sigma \mathrm{d}A=0$$

由于应力对中性层反对称，中性轴通过截面形心，这个静力学方程自动满足。

由静力学条件知：$$\int y\sigma \mathrm{d}A=M$$

$$M=\int y\sigma \mathrm{d}A=2\int_0^{\frac{h}{2}}\frac{C}{\rho^n}y^{n+1}b\mathrm{d}y=\frac{2\,Cb}{(n+2)\rho^n}\left(\frac{h}{2}\right)^{n+2}$$

$$\sigma=\frac{My^n}{b\left(\frac{h}{2}\right)^{n+2}}\frac{n+2}{2}$$

令 $y=\frac{h}{2}$，得最大应力为

$$\sigma_{\max}=\frac{My_{\max}}{I}\frac{n+2}{3}$$

式中 $$y_{\max}=\frac{h}{2}\quad I=\frac{bh^3}{12}$$

如 $n=1$，上式就化为线弹性的弯曲公式。

2.4.3 卸载时的残余曲率和残余应力

(1)卸载规律。在卸载时，M 与 K 应服从弹性规律。

弯矩的改变量和曲率的改变量之间的关系：

$$\frac{\Delta M}{\Delta M_e}=\frac{\Delta K}{\Delta K_e}$$

应力的改变量

$$\Delta\sigma=(\Delta K)Ey=\left(\frac{\Delta M}{J}\right)y$$

(2)残余曲率。

$$M_e < |M^*| < M_s$$

若弯矩完全卸到零，即 $\Delta M = -M^*$。

残余曲率的表达式即

$$\frac{K^0}{K_e} = \frac{1}{\sqrt{3-2M^*/M_e}} - \frac{M^*}{M_e} \tag{2.44}$$

因为

$$\frac{K^*}{K_e} = \frac{1}{\sqrt{3-2M^*/M_e}}$$

卸载后的残余曲率与未卸载时的曲率之比为

$$K^0/K^* = 1 - \left|\frac{M^*}{M_e}\right| \sqrt{3-2\left|\frac{M^*}{M_e}\right|}$$

或

$$K^0/K^* = 1 - \frac{3}{2}\left|\frac{K_e}{K^*}\right| + \frac{1}{2}\left|\frac{K_e}{K^*}\right|^3$$

(3)残余应力。

由

$$K^* = K_e/\zeta^*$$

$$\left|\frac{M^*}{M_e}\right| = \frac{1}{2}[3-(K_e/K^*)^2]$$

$$M_e = EJK_e$$

可得

$$\sigma^0 = \begin{cases} EK^* y - \dfrac{M}{J} y = \dfrac{1}{J\zeta^*}(M_e - \zeta^* M^*) y & 0 \leqslant y \leqslant \zeta^* h/2 \\ \sigma_s - \dfrac{M^*}{J} y & \zeta^* h/2 \leqslant y \leqslant h/2 \end{cases} \tag{2.45}$$

其中，$K = (\text{sign}M) = K_e/\zeta$ 与 M^* 之间的关系由式

$$\left|\frac{M}{M_e}\right| = \frac{1}{2}[3-(K_e/K)^2] \quad 或 \quad \frac{K}{K_e} = \text{sign}M \frac{1}{\sqrt{3-2|M|/M_e}}$$

给出(图 2.35)。

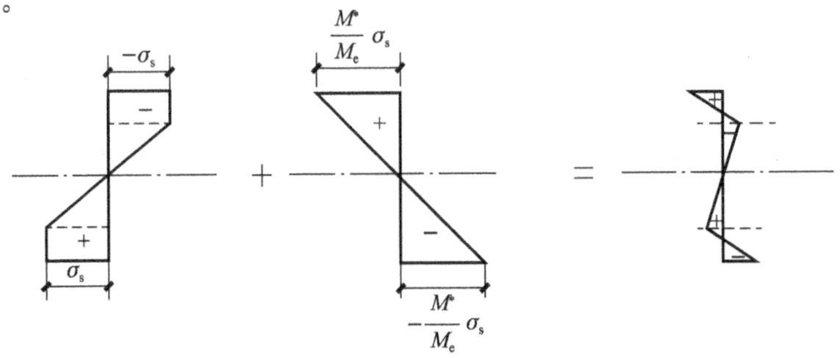

图 2.35

说明：

（1）在弹性区的残余应力仍保留原来的符号；

（2）卸载时，应力变化最大的部位在梁的最外层，有

$$|y|=\frac{h}{2}$$

$$\frac{M^*}{J}y|_{\frac{h}{2}}=\frac{M^*}{M_e}\sigma_s$$

$$1<\frac{M^*}{M_e}\leqslant 1.5$$

可知

$$\sigma^0|_{\frac{h}{2}}=\sigma_s(1-\frac{M^*}{M_e})<0$$

即外层的正应力改变了符号但未出现反向屈服；

（3）当再次施加的正向弯矩值不超过 M^* 时，梁将呈弹性响应，说明以上的残余应力分布可提高梁的弹性抗弯能力；

（4）如卸载到零以后再施加反向弯矩，则开始时的响应仍是弹性的，当弯矩改变量 ΔM 满足

$$\sigma_s+(\frac{\Delta M}{M_e})\sigma_s=-\sigma_s \quad 或 \quad \Delta M=-2M_e$$

外层纤维开始反向屈服，即弯矩的变化范围不大于 $2M_e$ 时，结构将是安定的。

例 2.8 如图 2.36 所示，有一直杆要弯成环状。假定模子的直径为 D_0。将直杆加载并套在模子上，然后将载荷全部卸载，这时环的平均直径 D 等于多少？

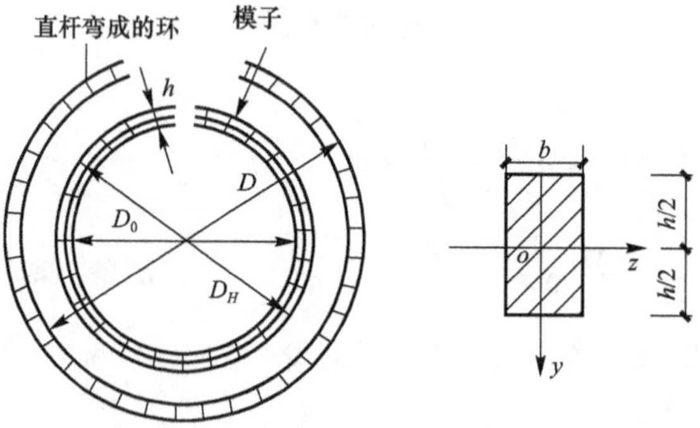

图 2.36

解： 设杆的材料为线性强化材料，杆的截面为矩形，高度为 h，宽度为 b，应力-应变关系如图 2.37 所示。

当杆套在模子上，尚未卸载时，杆的平均直径为

$$D_H=D_0+h$$

卸载开始时，杆的曲率半径为

$$\rho^*=\frac{1}{2}D_H=\frac{1}{2}(D_0+h)$$

卸载后，由于存在残余变形，杆件成环状，设其平均直径为 D，则残余曲率半径为

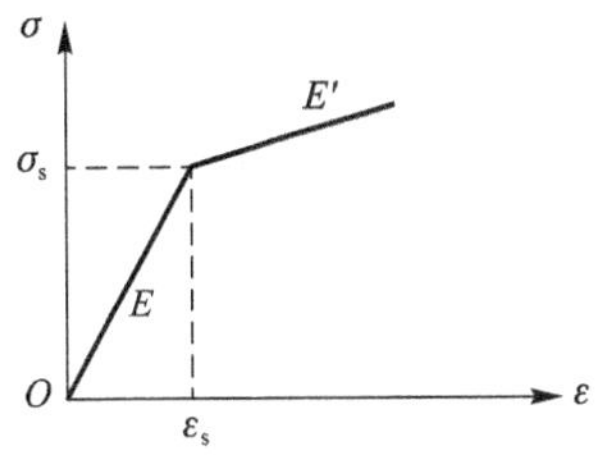

图 2.37

$$\rho_R=\frac{1}{2}D$$

$$\frac{1}{\rho_R}=\frac{1}{\rho^*}-\frac{M}{EJ_y}$$

得到

$$\frac{2}{D}=\frac{2}{D_H}-\frac{M}{EJ_y}$$

当杆绕于模子上，可认为杆产生很大的塑性变形，因而曲率 k 比 k_e 大得多，可得

$$M=E'J_yK+\frac{3}{2}M_e\left(1-\frac{E'}{E}\right)$$

其中：

$$k=\frac{1}{\rho^*}=\frac{2}{D_H}=\frac{2}{D_0+h}$$

$$M_e=\sigma_s\frac{bh^2}{6}$$

$$J_y=\frac{bh^3}{12}$$

即

$$M=E'J_yK+\frac{3}{2}M_e\left(1-\frac{E'}{E}\right)=\frac{1}{6}\frac{bh^3E'}{D_H}+\frac{\sigma_sbh^2}{4}\left(1-\frac{E'}{E}\right)$$

将上式带入

$$\frac{2}{D}=\frac{2}{D_H}-\frac{M}{EJ_y}$$

可得卸载后环的平均直径为

$$D_H=\frac{E^2h}{\left(Eh-\frac{3}{2}\sigma_sD_H\right)(E-E')}$$

将杆弯成平均直径为 D 的圆环时的模具直径为

$$D_H=\frac{1-\frac{E'}{E}}{1+\frac{3}{2}\frac{\sigma_sD}{Eh}\left(1-\frac{E'}{E}\right)}D$$

2.5 截面梁的极限弯矩 M_s 计算方法

因为

$$N=\int \sigma \mathrm{d}A=0$$

当截面梁达到极限弯矩时，受拉截面 A_t 上的应力为 $\sigma=\sigma_s$，受压截面 A_c 上的应力为 $\sigma=-\sigma_s$，如图 2.38 所示。

$$\int_{A_t}\sigma_s \mathrm{d}A+\int_{A_c}(-\sigma_s)\mathrm{d}A=0$$

$$A_t=A_c$$

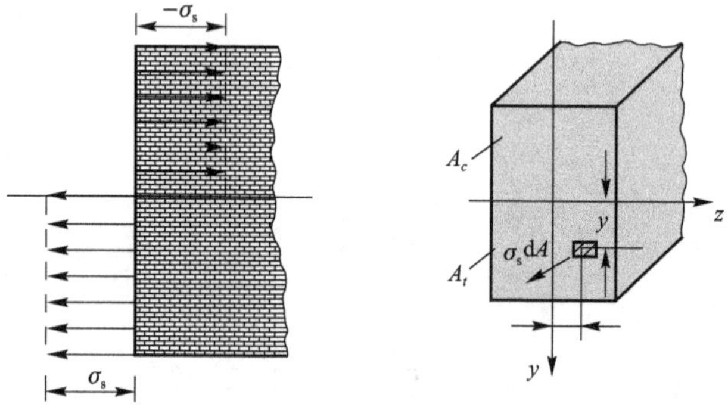

图 2.38

即在极限状态下，中性轴将截面分成面积相等的两部分。

注意：在极限状态下，中性轴不一定通过截面形心；只有当横截面有两个对称轴时，中性轴才通过截面形心。

$$\int y\sigma \mathrm{d}A=M$$

$$M_e=\sigma_s W_z$$

$$M_s=\int y\sigma_s \mathrm{d}A=\sigma_s\left(\int_{A_t}y\mathrm{d}A+\int_{A_c}y\mathrm{d}A\right)=\sigma_s(S_t+S_c)=\sigma_s W_s$$

$$W_s=S_t+S_c$$

人们将 W_s 称为塑性弯曲截面系数。

例 2.9 如图 2.39 所示，试求矩形截面梁的极限弯矩 M_s。

$$S_t=S_c=\frac{1}{2}bh\times\frac{h}{4}=\frac{1}{8}bh^2$$

$$M_s=\sigma_s W_s=\sigma_s(S_t+S_c)$$

$$=\frac{1}{4}bh^2\sigma_s$$

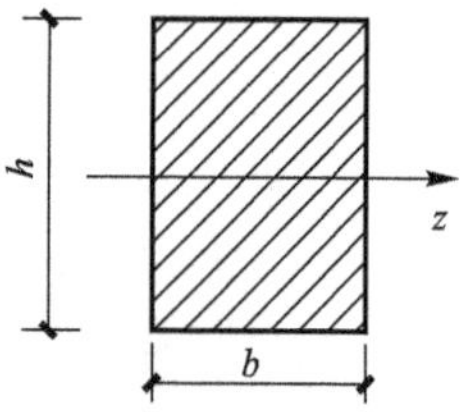

图 2.39

$$M_e=\sigma_s W_z=\frac{1}{6}bh^2\sigma_s$$

$$\frac{M_s}{M_e}=1.5$$

例 2.10　如图 2.40 所示，试求圆截面梁的极限弯矩 M_s 及比值 M_s/M_e。

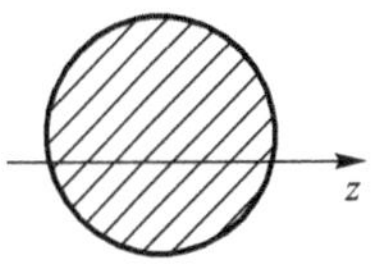

图 2.40

解： 圆截面关于中性轴对称，故 $S_t=S_c$。由于半圆形的形心到其直径边的距离为 $2d/3\pi$，所以

$$M_s=\sigma_s W_s=\sigma_s(S_t+S_c)$$
$$=\sigma_s\cdot 2\left[\frac{1}{2}\left(\frac{\pi d^2}{4}\right)\times\frac{2d}{3\pi}\right]=\sigma_s\frac{d^3}{6}$$

圆截面的弯曲截面系数 $W_z=\pi d^3/32$，所以

$$\frac{M_s}{M_e}=\frac{\sigma_s W_s}{\sigma_s W_z}=\frac{W_s}{W_z}=\frac{32}{6\pi}\approx 1.70$$

例 2.11　如图 2.41 所示，T 形截面梁的屈服极限 $\sigma_s=235$ MPa，试求该梁的极限弯矩 M_s。

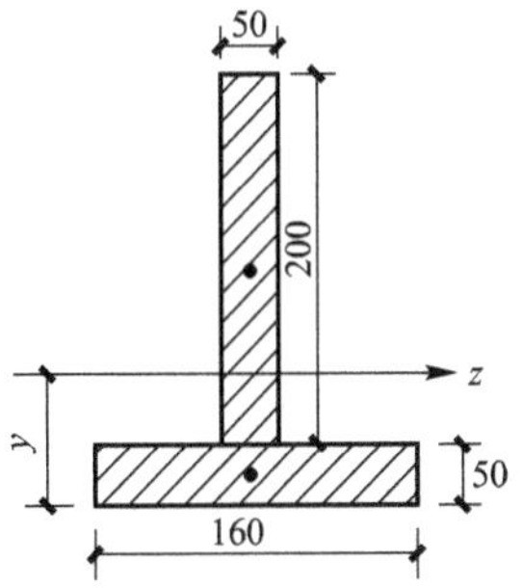

图 2.41

解： 因 T 形截面无水平对称轴，为了求 S_t 和 S_c，必须先确定中性轴的位置。现以 y 表示翼缘边到中性轴的距离，由 $A_t=A_c$，可得

$$50\times160+50\times(y-50)=50\times(250-y)$$

解得

$$y=70\ \text{mm}$$

$$S_c=180\times50\times90\times10^{-6}=810\times10^{-6}(\text{m}^3)$$

$$S_t=50\times160\times45+50\times20\times10\times10^{-9}=370\times10^{-6}(\text{m}^3)$$

$$W_s=S_t+S_c=1\ 180\times10^{-6}\ \text{m}^3$$

$$M_s=\sigma_s W_s=\sigma_s(S_t+S_c)=235\times10^3\times1\ 180\times10^{-6}=277.3(\text{kN}\cdot\text{m})$$

该梁的极限弯矩 M_s 为 277.3 kN·m。

几种常用截面的 M_s/M_e 比值见表 2.1。

表 2.1　几种常用截面的 M_s/M_e 比值

截面形状	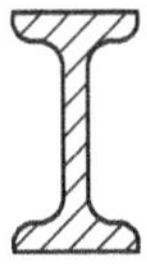	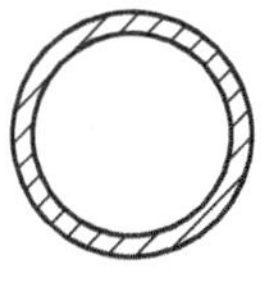		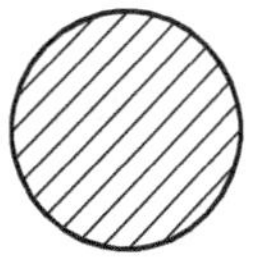
M_s/M_e	1.15～1.17	1.27	1.5	1.70

由于$\dfrac{M_s}{M_e}=n>1$，所以对于同一截面按照许用载荷法得到的最大弯矩 M_s 比按许用应力

法得到的最大弯矩 M_e 大 n 倍，即对于同一截面所能承担的弯矩大 n 倍，因而可以节省材料。

2.6 横向载荷作用下梁的弹塑性分析

2.6.1 梁的弹性极限载荷

(1)当梁长 L 远大于梁高 h 时，可忽略挤压应力的剪应力，纯弯曲的结果基本上可以用。

(2)在纯弯曲时有些梁只与 y 轴有关，而横向弯曲还与 x 轴有关。

现以图 2.42 所示的矩形截面的理想弹塑性悬臂梁为例，在梁的端点受集中力 P 的作用。

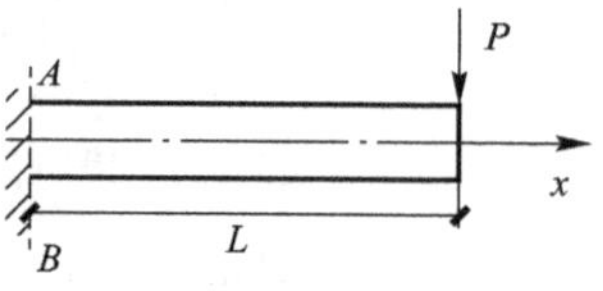

图 2.42

梁的弯矩分布可由平衡方程得

$$M(x)=-(L-x)P \tag{2.46}$$

$x=0$ 处： $M=-LP$

当 P 增至 P_e $M_e=-LP_e$

因为矩形截面梁的

$$M_e=\frac{bh^2}{6}\sigma_s$$

所以可得

$$P_e=-\frac{M_e}{L}=-\frac{bh^2}{6L}\sigma_s$$

当 P 增至 P_e 时，根部的弯矩为 $-M_e$，此时 $x=0$ 截面的最外层纤维开始屈服，故 P_e 称为弹性极限载荷。

2.6.2 塑性状态

1. 塑性极限载荷

当 $P>P_e$ 时，

$$M(x)=-(L-x)P$$

设开始进入塑性状态的截面在 $x=\xi$ 处，则有

$$M(x)=-(L-\xi)P=M_e$$

位于 $0\leqslant x\leqslant\xi$ 的各截面上均有部分区域进入屈服状态。其弹塑性交界位置 $\zeta(x)$ 可由下

式确定

$$|M(\zeta)|=\frac{M_e}{2}(3-\zeta^2)$$

由于

$$M_e=LP_e$$

可得

$$\zeta(x)=\left[3-2\frac{P}{P_e}\left(1-\frac{x}{L}\right)\right]^{\frac{1}{2}}(0\leqslant x\leqslant\xi) \tag{2.47}$$

$x=0$ 处：

$$\zeta(0)=\left[3-2\frac{P}{P_e}\right]^{\frac{1}{2}}$$

当 $\zeta(0)=0$ 时，$M(0)=-M_s$，解得

$$P=\frac{3}{2}P_e=P_s$$

梁根部的整个截面都进入塑性流动状态而丧失进一步的承载能力，故 P_s 为梁的塑性极限载荷(图 2.43)。

求与 P_s 相应的 ζ

$$\left.\begin{aligned}P&=\frac{3}{2}P_e=P_s\\M_e&=LP_e=(L-\xi)P_s\end{aligned}\right\}\xi=\frac{L}{3}$$

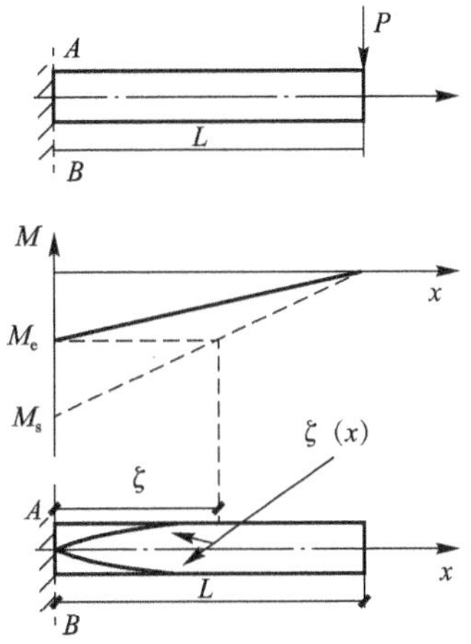

图 2.43

2. 塑性铰的力学模型

如果梁的某个截面处的弯矩达到了塑性极限弯矩，则相应的曲率可任意地增长，如同一个铰，这样的铰称为塑性铰(图 2.44)。塑性铰的出现使结构有可能变成一个机构，即导致结构丧失承载能力。

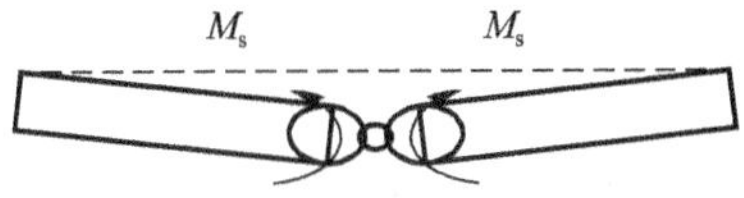

图 2.44

塑性铰与普通铰的区别如下。

(1)塑性铰是因截面上的弯矩达到塑性极限弯矩 M_s，并由此产生转动的；当截面上的弯矩小于塑性极限弯矩时，则不允许转动，即塑性铰与弯矩大小有关；而普通铰处则总有 $M=0$，不能传递弯矩。

(2)普通铰为双向铰，即可以在两个方向上产生相对转动，而塑性铰处的转动方向必须与塑性极限弯矩的方向一致，不允许与塑性极限弯矩相反的方向转动，否则出现卸载使塑性铰消失，所以塑性铰是单向铰。

2.6.3 梁的挠度

(1)梁处于弹性状态：$P \leqslant P_e$。

$$\frac{K(x)}{K_e} = \frac{M(x)}{M_e} = -\left(1-\frac{x}{L}\right)\left(\frac{P}{P_e}\right)$$

即 $\dfrac{\mathrm{d}^2 w}{\mathrm{d}x^2} = \left(1-\dfrac{x}{L}\right)\left(\dfrac{P}{P_e}\right)K_e$

端条件 $w(0) = \dfrac{\mathrm{d}w(0)}{\mathrm{d}x} = 0$ $\left.\right\}$ $w(x) = \left(\dfrac{x^2}{2}-\dfrac{x^3}{6L}\right)\left(\dfrac{P}{P_e}\right)K_e$

当 $P = P_e$ 时，$x = L$ 处

$$w(L) = \delta_e = \frac{L^2}{3}K_e \tag{2.48}$$

(2)梁处于弹塑性状态：$P_e < P \leqslant P_s$。

①弹塑性梁段：$0 \leqslant x \leqslant \xi$

$$\frac{K}{K_e} = (\mathrm{sign}M)\frac{1}{\sqrt{3-2|M|/M_e}}$$

②在弹性梁段：$\xi \leqslant x \leqslant L$

$$M/M_e = K/K_e$$

当 $\qquad P = P_s = \dfrac{3}{2}P_e$ 时，$\xi = L/3$，有

$$\zeta(x) = \left[3-2\frac{P}{P_e}(1-x/L)\right]^{\frac{1}{2}} \qquad (0 \leqslant x \leqslant \xi)$$

$$\zeta(x) = (3x/L)^{\frac{1}{2}}$$

在区间 $0 \leqslant x \leqslant \dfrac{L}{3}$ 中的曲率可由下式给出：

$$-\frac{\mathrm{d}^2 w_1}{\mathrm{d}x^2} = K = -\frac{K_e}{\zeta} = -\left(\frac{L}{3x}\right)^{\frac{1}{2}}K_e$$

由端条件

$$w(0) = \frac{\mathrm{d}w(0)}{\mathrm{d}x} = 0$$

$$w_1(x) = \frac{4}{3\sqrt{3}}(Lx^3)^{\frac{1}{2}}K_e \qquad \left(0 \leqslant x \leqslant \frac{L}{3}\right) \tag{2.49}$$

区间 $\dfrac{L}{3} \leqslant x \leqslant L$ 中的曲率可由下式给出：

$$-\frac{\mathrm{d}^2 w_2}{\mathrm{d}x^2} = K = -\frac{3}{2}\left(1-\frac{x}{L}\right)K_e$$

利用 $x = L/3$ 处的连接条件(光滑连续条件)，得自由端的挠度为

$$w_2(L) = \delta_s = \frac{20}{27}L^2 K_e = \frac{20}{9}\delta_e$$

可见，弹塑性变形与弹性变形是同数量级的。

例 2.12　以长 $L=30$ m，截面的尺寸 $h=2$ m，$b=1$ m，材料的 $\sigma_s=200$ MPa 的矩形截面杆作为实例进行分析说明，求梁的塑性极限和塑性区域。

(1)杆件为受集中力 P 作用的悬臂梁；

(2)杆件为受集中力 P 作用的简支梁；

(3)杆件为受均布载荷 q 作用的简支梁。

解：(1)杆件为受集中力 P 作用的悬臂梁。利用 MATLAB 软件可以得到了悬臂梁的弹塑性区域扩展趋势，如图 2.45 所示。从图 2.45 可以看到，塑性区域由悬臂梁根部最外端逐步向里端和梁外端扩展，梁中塑性区域为阴影部分。

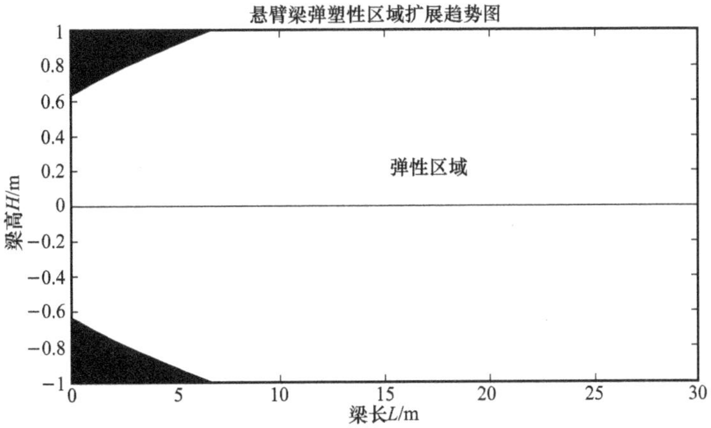

图 2.45

当梁根部处的弯矩达到塑性极限弯矩时，弹塑性区域分界线连接成一条抛物线，梁的根部形成塑性铰，如图 2.46 所示。这时，由于根部的曲率可以任意增长，悬臂梁丧失了进一步承载的能力。因此，此梁载荷 P 的变化范围为 $0<P<6\ 666.6$ kN；塑性区域为梁跨度的 1/3，即 0～10 m 范围内。

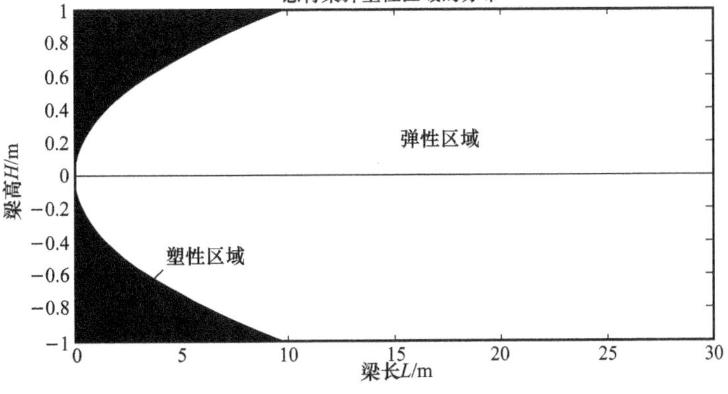

图 2.46

(2)杆件为受集中力 P 作用的简支梁。根据理论分析，梁在中间位置受到的弯矩值最大，随着 P 增大，梁由弹性进入弹塑性状态。梁的塑性区域逐渐由梁外表面向轴心处、梁中部向两端扩大，如图 2.47 所示。

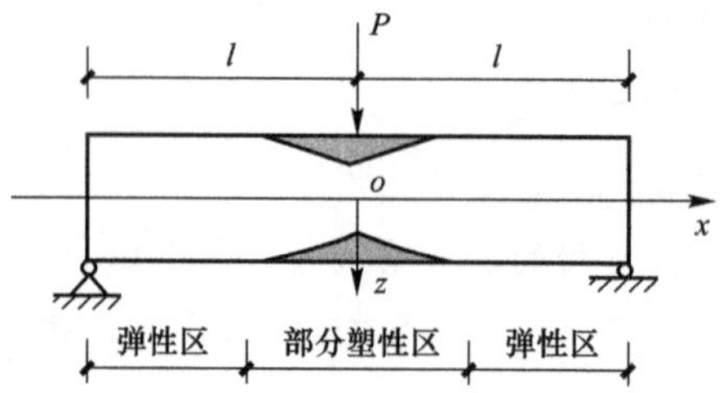

图 2.47

利用 MATLAB 软件得到简支梁的弹塑性区域，如图 2.48 所示，梁中塑性区域为阴影部分。当梁的中部轴心处的弯矩达到塑性极限弯矩时，梁的中部形成塑性铰。这时，由于中部的曲率可以任意增长，简支梁丧失了进一步承载的能力。因此，载荷的 P 变化范围为 $0<P<26\ 666.6$ kN，塑性区域占梁跨度的 1/3，即 −5～5 m 范围内。

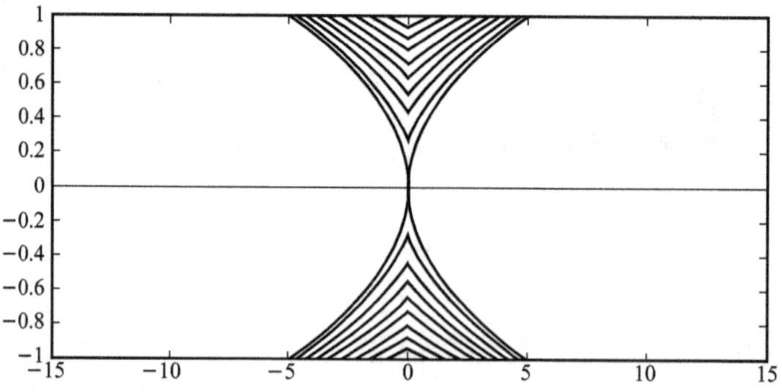

图 2.48

(3)杆件为受均布载荷 q 作用的简支梁。根据理论分析，梁在中间位置受到的弯矩值最大，随着 q 值增大，梁由弹性进入弹塑性状态。梁的塑性区域逐渐由梁外表面向轴心处、梁中部向两端扩大，如图 2.49 所示。

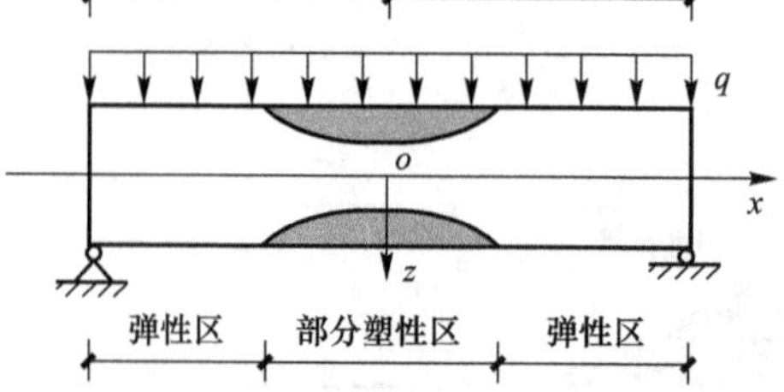

图 2.49

利用 MATLAB 软件得到简支梁的弹塑性区域，如图 2.50 所示，梁中塑性区域为阴影部分。当梁的中部轴心处的弯矩达到塑性极限弯矩时，梁的中部形成塑性铰。这时，由于中部的曲率可以任意增长，简支梁丧失了进一步承载的能力。因此，均匀分布载荷 q 的变化范围为 $0<q<1\,777.77$ kN/m，塑性区域占梁跨度的 $1/\sqrt{3}$，即 $-8.66\sim8.66$ m 范围内。

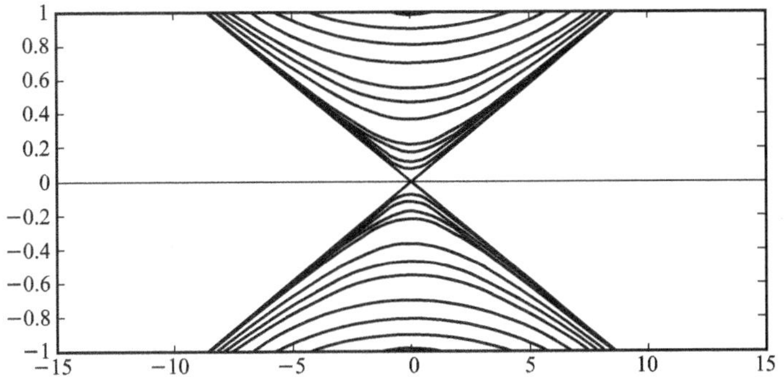

图 2.50

例 2.13 承受均布载荷作用的矩形截面外伸梁如图 2.51 所示。已知梁的尺寸为 $L=4$ m，$b=60$ mm，$h=120$ mm，屈服极限 $\sigma_s=235$ MPa。试求梁的塑性极限载荷 q_s。

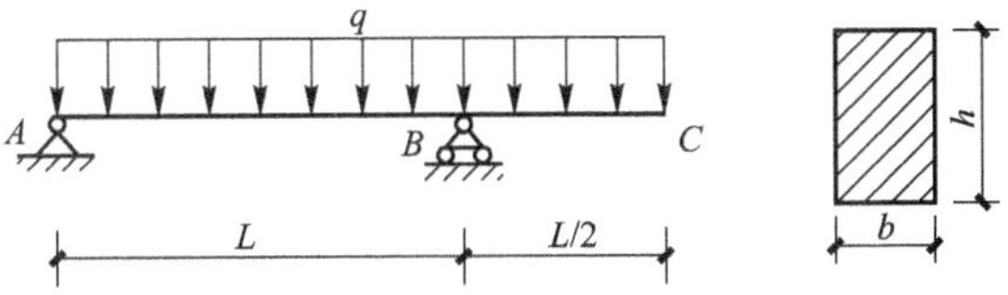

图 2.51

解： 做出梁的弯矩图(图 2.52)。

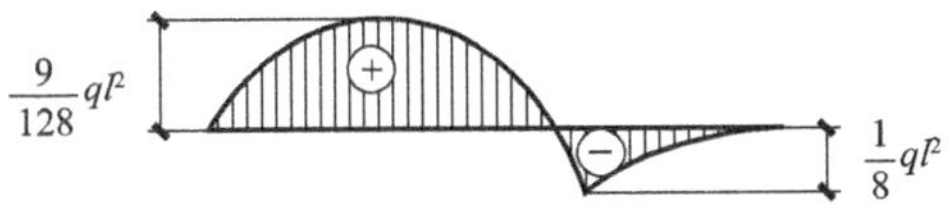

图 2.52

得出最大弯矩为 $M_{max}=\frac{1}{8}ql^2$。

当梁达到极限状态时，其最大弯矩等于屈服极限弯矩，此时梁上的载荷达到极限值 q_s。

$$M_s=M_{max}=\frac{ql^2}{8}=\sigma_s W_s=\sigma_s\times\frac{bh^2}{4}$$

$$q_s=q=\sigma_s\frac{bh^2}{4}\times\frac{8}{l^2}=25.38\ \text{kN/m}$$

2.7 强化材料矩形截面梁的弹塑性纯弯曲

对于一般强化材料：

$$\sigma=E\varepsilon[1-\omega(\varepsilon)]$$

其中 $\omega(\varepsilon)=\begin{cases}0 & 当\ |\varepsilon|\leqslant\varepsilon_s \\ [E\varepsilon-\phi(\varepsilon)]/(E\varepsilon) & 当\ |\varepsilon|>\varepsilon_s\end{cases}$

如图 2.53、图 2.54 所示。

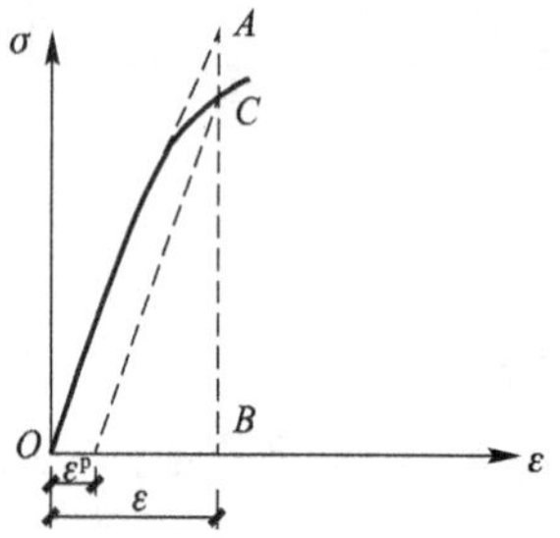

图 2.53

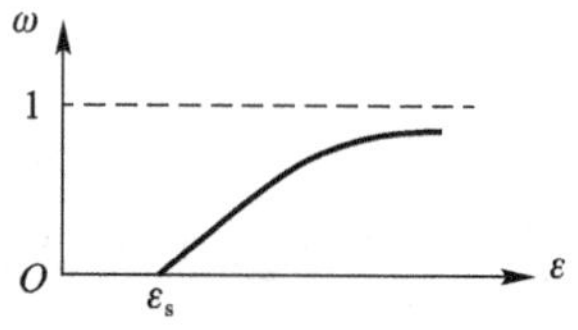

图 2.54

$\omega(\varepsilon)$表示图 2.53 中的线段比$\overline{AC}/\overline{AB}$。

在纯弯曲条件下，$\varepsilon_0=0$。单调加载时，

由 $M=b\int_{-h/2}^{h/2}y\sigma(x,y)\mathrm{d}y$ 可得弯矩表达式为

$$M=2bE\left[\int_0^{h/2}y\varepsilon\,\mathrm{d}y-\int_0^{h/2}y\varepsilon\omega(\varepsilon)\mathrm{d}y\right]$$

仅当$\frac{\zeta h}{2}\leqslant y\leqslant\frac{h}{2}$时，上式中的 ω 才不为零。

作变量替换 $\varepsilon=Ky$ 后，上式可写为

$$M=EJK-\frac{2bE}{K^2}\int_{\zeta hk/2}^{hk/2}\varepsilon^2\omega(\varepsilon)\mathrm{d}\varepsilon$$

可得到 M-K 关系。

(1)如已知 $K>0$，则由式

$$\left.\begin{aligned}K_e=\frac{2\sigma_s}{Eh}=\frac{2\varepsilon_s}{h}\\ \zeta=K_e/|K|\end{aligned}\right\}K=(\mathrm{sign}M)K_e/\zeta$$

可直接求得 M。

(2)如已知 $M>0$，则需用迭代法求出相应的 K 和应力分布。

$$\left.\begin{aligned}&\text{可利用 } \varepsilon=Ky\\&M=2\,bE\left[\int_0^{h/2}y\varepsilon\,\mathrm{d}y-\int_0^{h/2}y\varepsilon\omega(\varepsilon)\mathrm{d}y\right]\end{aligned}\right\}$$

$$K=\frac{M}{EJ}+\frac{2b}{J}\int_0^{h/2}y[Ky\omega(Ky)]\mathrm{d}y \tag{2.50}$$

纯弹性部分　　由于梁的塑性变形而对曲率的修正

$$0<\frac{\mathrm{d}\sigma}{\mathrm{d}\varepsilon}\leqslant E$$

可知 $0\leqslant\frac{\mathrm{d}[\varepsilon\omega(\varepsilon)]}{\mathrm{d}\varepsilon}<1$，令 $\max\frac{\mathrm{d}[\varepsilon\omega(\varepsilon)]}{\mathrm{d}\varepsilon}=\beta_0<1$，则对任意两个曲率 K_1 和 K_2，由中值定理可得

$$|K_2y\omega(K_2y)-K_1y\omega(K_1y)|\leqslant\beta_0|K_2y-K_1y|$$

定义算子 T：

$$K\rightarrow TK=\frac{2b}{J}\int_0^{h/2}y[Ky\omega(Ky)]\mathrm{d}y$$

$$K=\frac{M}{EJ}+\frac{2b}{J}\int_0^{h/2}y[Ky\omega(Ky)]\mathrm{d}y$$

$$K=\frac{M}{EJ}+TK \tag{2.51}$$

采用迭代法：

先令　　$K^{(0)}=\frac{M}{EJ}$

第 n 次迭代为　　$K^{(1)}=\frac{M}{EJ}+TK^{(0)}$

则第 1 次迭代为　　$K^{(1)}=\frac{M}{EJ}+TK^{(n-1)}$

由于　　$|TK^{(m)}-TK^{(m-1)}|\leqslant\beta_0|K^{(m)}-K^{(m-1)}|$

可见 T 是一个压缩映像，以上迭代过程是收敛的。

2.8　超静定梁的塑性极限载荷

以图 2.55 所示的一次超静定梁为例，分析超静定梁的塑性极限载荷的计算方法。设其 M-K 曲线可由图 2.56 的理想弹塑性模型表示。

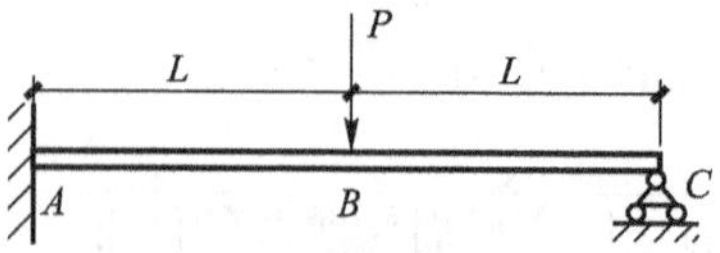

图 2.55

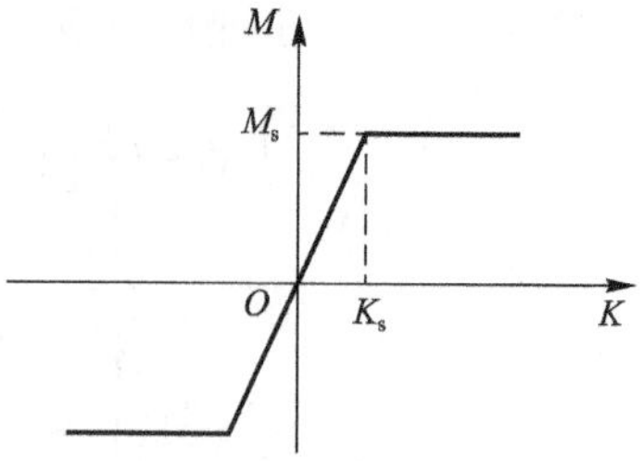

图 2.56

即

$$K=\begin{cases} M/EJ & \text{当}\,|M|<M_s \\ (\text{sign}M)K_1\left(\dfrac{M_s}{EJ}\right) \quad (K_1\geqslant 1) & \text{当}\,|M|=M_s \end{cases}$$

设载荷 P 从零开始增长。

(1)当 $P<P_e$ 时，AB 段和 BC 段弯矩是线性分布的(图 2.57)。

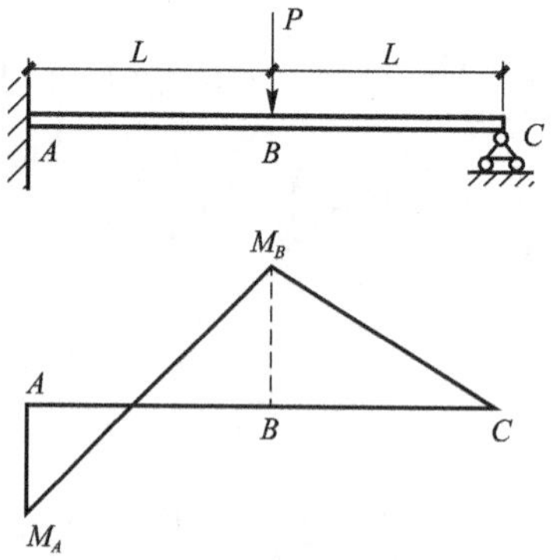

图 2.57

其中

$$M_A=-\frac{3\ PL}{8} \qquad\qquad M_B=\frac{5\ PL}{16} \qquad\qquad M_C=0$$

当 $M_A=-M_s$ 时，$|M_{max}|$在根部 A 截面，对应的载荷为

$$P=P_e=\frac{8\ M_s}{3\ L}$$

(2)当 $P>P_e$ 时：

①梁的根部形成一个塑性铰，可以产生任意大的曲率，但由于其他部位仍处于弹性阶段，故根部曲率的大小要受到这些部位的约束(图 2.58)；

②A 点成为塑性铰后，该处的弯矩已知，结构成为静定。

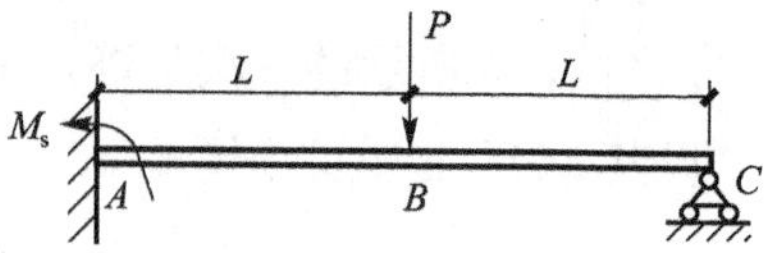

图 2.58

当 $M_A=-M_s$ 时，由平衡条件得

$$R_C=\frac{P}{2}-\frac{M_s}{2L}$$

$$M_B=R_CL=\frac{PL}{2}-\frac{M_s}{2}$$

当 $P=P_s=\frac{3M_s}{L}$ 时，B 点的弯矩为 M_s。这时，A 点、B 点都成为塑性铰(图 2.59)。梁成为一个机构，不能再进一步承受载荷了。因此，P_s 就是梁的塑性极限载荷。

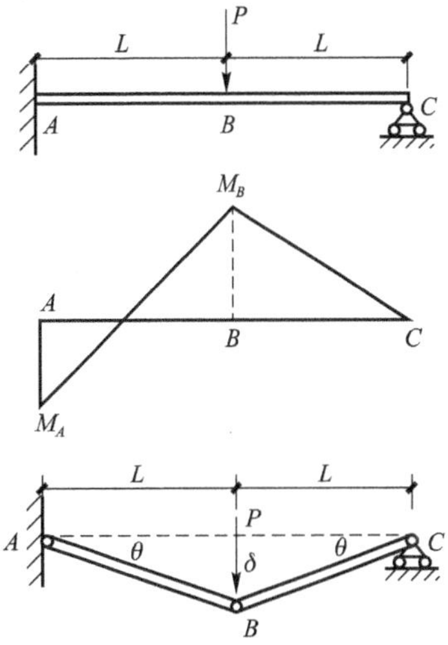

图 2.59

分析：

(1)塑性极限载荷 $P=P_s=\frac{3M_s}{L}$ 并不依赖于弹性模量 E，其值仅与结构本身和载荷有关，而与结构的残余应力状态和加载历史无关，弹塑性结构的极限载荷与刚塑性结构的极限载荷是相同的；

(2)若仅计算极限载荷，无须分析弹塑性变形过程，可采用刚塑性模型，用更为简单的方法进行计算。

常用的计算方法如下。

(1)静力法。即通过与外载荷相平衡且在结构内处处不违反屈服条件的广义应力场来寻求所对应外载荷的最大值的一种方法。

以图 2.60 所示的梁为例。

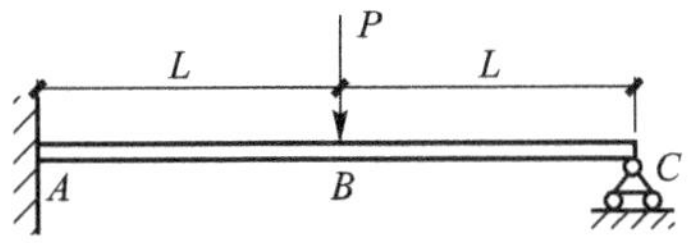

图 2.60

弯矩(绝对值)的最大值只可能在 A 点和 B 点。以 C 点的支座反力为参数：

$$M_B=R_CL$$

$$M_A=2R_CL-PL$$

梁内处处不违反屈服条件就要求

$$|M_B|\leqslant M_s,\quad |M_A|\leqslant M_s$$

$$-2M_s\leqslant 2R_CL\leqslant 2M_s$$

$$-M_s+PL\leqslant 2R_CL\leqslant M_s+PL$$

仅当 $|PL|\leqslant 3M_s$ 时，两个不等式同时成立，所对应的最大外载荷为

$$P=\frac{3M_s}{L}$$

(2)机动法。即当结构的变形可能成为一个塑性流动(或破损)机构时，通过外载荷所做的功与内部耗散功的关系来寻求所对应外载荷的最小值的一种方法。

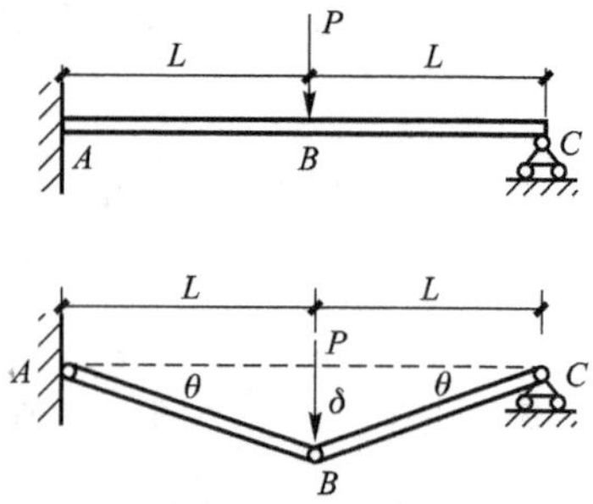

图 2.61

对于图 2.61 所示的梁，可能的破损机构只有一种，即根部 A 点和中点 B 都成为塑性铰。

令 B 点向下移动的距离为 δ，A 点处梁的转角为

$$\theta=\frac{\delta}{L}$$

B 点两侧梁段的相对转角

$$2\theta=\frac{2\delta}{L}$$

则力 P 所做的功为

$$W_1=P\delta$$

塑性铰上所做的耗散功为

$$W_2=3M_s\theta=\frac{3M_s}{L}$$

由外力功和内部耗散功相等的条件 $W_1=W_2$，可得

$$P=\frac{3M_s}{L}$$

注：对于较为复杂的结构，可能的破损机构一般有好几种。对应于每一种机构，都可求得一个载荷值。真实的极限载荷是所有这些载荷中的最小值。

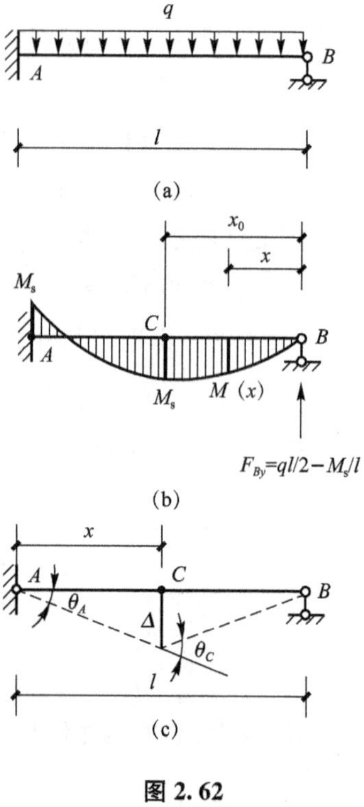

图 2.62

例 2.14 求图 2.62(a)所示单跨超静定梁的极限载荷 q_s。

解：此梁处于极限状态时，有一个塑性铰会出现在 A 端，还有一个塑性铰会出现在 C 点处，如图 2.62(b)所示，具体位置可用如下方法确定。

(1)静力法。

确定跨中塑性铰位置：

$$M(x)=\left(\frac{ql}{2}x-\frac{qx^2}{2}\right)-\frac{M_s}{l}x$$

$$\frac{\mathrm{d}M(x)}{\mathrm{d}x}=0 \qquad \frac{ql}{2}-qx-\frac{M_s}{l}=0$$

$$M(x)=M_s \qquad \left(\frac{ql}{2}x-\frac{qx^2}{2}\right)-\frac{M_s}{l}x=M_s$$

跨中塑性铰位置：

$$x_0=(\sqrt{2}-1)l=0.414l$$

$$q_s=\frac{1}{(1.5-\sqrt{2})}\frac{M_s}{l^2}=11.66\frac{M_s}{l^2}$$

(2)机动法。图 2.62(c)为一破坏机构，用机动法确定其极限载荷，虚功方程：

$$\delta W=q_s\frac{l\Delta}{2}=M_s(\theta_A+\theta_C)$$

其中
$$\theta_A=\frac{\Delta}{x}\qquad\theta_C=\frac{l\Delta}{x(l-x)}$$

故得
$$q_s=\frac{2l-x}{x(l-x)}\frac{2M_s}{l}$$

令
$$\frac{\mathrm{d}q_s}{\mathrm{d}x}=0$$

得到
$$x^2-4lx+2l^2=0$$

解方程得到
$$x_1=(2+\sqrt{2})l\qquad x_2=(2-\sqrt{2})l$$

弃去 x_1，由 x_2 求得极限载荷为

$$q_s=\frac{2l-x}{x(l-x)}\frac{2M_s}{l}=\frac{2\sqrt{2}}{3\sqrt{2}-4}\frac{M_s}{l^2}=11.7\frac{M_s}{l^2}$$

(3)近似法。若将 C 点的塑性铰设在跨中，则有

$$\frac{q_sl^2}{8}=M_s+\frac{M_s}{2}\quad q_s=\frac{12M_s}{l^2}$$

在均布载荷作用下，若杆件两端弯矩在基线同侧且悬殊不太大，可将跨间塑性铰取在中点。

2.9　用静力法和机动法求刚架的塑性极限载荷

2.9.1　几个概念

(1)静力场：处处满足平衡条件的内力分布。

现考虑一个 n 次超静定刚架，它有 n 个多余反力 $R_i(i=1, 2, \cdots, n)$

设刚架中可能出现塑性铰的节点个数为 m。

$$\left.\begin{array}{ll}m\text{ 个节点处的弯矩} & M_j^0(1, 2, \cdots, m)\\ \text{外力} & P_a^0(1, 2, \cdots, r)\\ \text{多余反力} & R_i(i=1, 2, \cdots, n)\end{array}\right\}M_j^0=M_j^0(R_i, P_a^0)$$

消去 R_i 得到的 $m-n$ 个方程反映了结构的平衡条件，即 $\{M_j^0, P_a^0\}$ 构成一个平衡体系，称为静力场。

(2)静力许可场：结构内处处不违反屈服条件的静力场。

结构内处处不违反屈服条件$|M_j^0|\leqslant M_s$，$\{M_j^0, P_a^0\}$即为静力许可场。

(3)静力法：要在一切可能的静力许可场中寻求取值最大的外载荷。

2.9.2 算例

如图 2.63 所示，设平面刚架各截面的塑性极限弯矩为 M_s。在水平力 $3P$ 和竖直力 $2P$ 的作用下，求出结构最大可能承受的载荷 P。

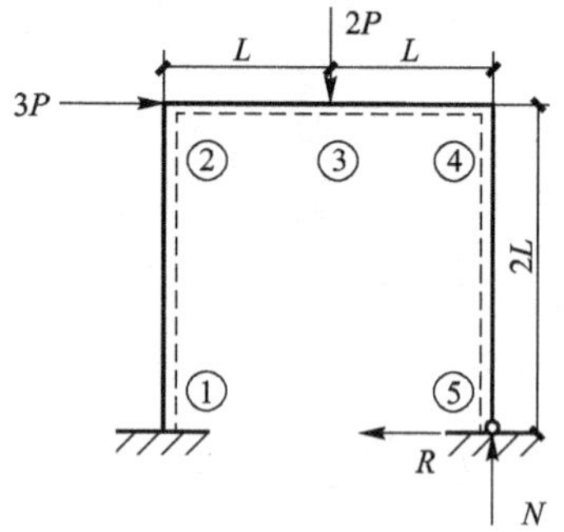

图 2.63

1. 静力法

该结构的超静定次数 $n=2$。考虑到节点间的弯矩是线性变化的，故弯矩的极值都在节点处，即在节点①、②、③、④处可能出现塑性铰，$m=4$。取节点⑤处的支座反力 R 和 N 为多余反力，并规定弯矩的符号以刚架内侧拉为正，则相应的平衡方程为

$$M_4=-2RL$$

$$M_3=-2RL+NL$$

$$M_2=-2RL+2NL-2PL$$

$$M_1=2NL-2PL-3P\times 2L$$

消去 R、N，得到 $m-n=2$ 个独立的平衡方程

$$\left.\begin{aligned}-M_2+2M_3-M_4&=2PL\\-M_1+M_2-M_4&=6PL\end{aligned}\right\}\tag{2.52}$$

上式也可写为

$$m_1=m_2-m_4-6f,\ 2m_3=m_2+m_4+2f\tag{2.53}$$

令 $m_j=M_j/M_s(j=1, 2, 3, 4)$，$f=\dfrac{PL}{M_s}$，如果 m_j 还满足屈服条件

$$-1\leqslant m_j\leqslant 1(j=1, 2, 3, 4)\tag{2.54}$$

则$\{m_j, f\}(j=1, 2, 3, 4)$就构成一个静力许可场。

利用式(2.53)，条件式式(2.54)可等价地写为

$$-1\leqslant m_2-m_4-6f\leqslant 1,\ -1\leqslant m_2\leqslant 1$$

$$-2\leqslant m_2+m_4+2f\leqslant 2,\ -1\leqslant m_4\leqslant 1$$

或

$$\left.\begin{array}{l}-1+m_4+6f\leqslant m_2\leqslant 1+m_4+6f,\ -1\leqslant m_2\leqslant 1\\ -2-m_4-2f\leqslant m_2\leqslant 2-m_4-2f,\ -1\leqslant m_4\leqslant 1\end{array}\right\} \tag{2.55}$$

消去 m_2 得到关于 m_4 和 f 的联立不等式：

$$\left.\begin{array}{l}-2-6f\leqslant m_4\leqslant 2-6f,\ -3-2f\leqslant m_4\leqslant 3-2f\\ -\dfrac{3}{2}-4f\leqslant m_4\leqslant \dfrac{3}{2}-4f,\ -1\leqslant m_4\leqslant 1\end{array}\right\} \tag{2.56}$$

在以上各式中消去 m_4，就有

$$\begin{array}{l}|6f|\leqslant 3,\ |2f|\leqslant 4,\ |4f|\leqslant \dfrac{5}{2}\\ |4f|\leqslant 5,\ |2f|\leqslant \dfrac{7}{2},\ |2f|\leqslant \dfrac{9}{2}\end{array} \tag{2.57}$$

仅当

$$|f|\leqslant \frac{1}{2} \tag{2.58}$$

时，各式才可能成立。因此式(2.58)为存在静力许可场的条件。

而 $f=1/2$(负号对应于反向加载)对应于最大载荷值：

$$P_s=\frac{1}{2}\frac{M_s}{L} \tag{2.59}$$

说明：

(1)对应的弯矩分布可通过回代过程来确定：

$$m_4=-1,\ m_1=-1,\ m_3=1/2,\ m_2=1$$

(2)在二次超静定结构中，三个节点①、②、④成为塑性铰，结构出现塑性流动。这说明式(2.59)中的 P_s 确实是一个极限载荷。

2. 机动法

(1)对于 n 次超静定刚架，当出现$(n+1)$个塑性铰时，结构就会变成机构而产生塑性流动。设可能出现塑性铰的节点数为 m，则可能的破损机构的总数将不少于

$$C_m^{n+1}=\frac{m(m-1)\cdots(m-n)}{(n+1)!}$$

(2)对于 n 次超静定刚架，可能出现塑性铰的节点数为 m，可列出的独立的平衡方程个数为 $m-n$。这 $m-n$ 个方程可利用虚功原理与结构的 $m-n$ 个破损机构相对应，称这样的破损机构为基本机构，其他破损机构可通过基本机构组合而得到。

(3)每一个破损机构都是一个机动场，可表示为$\{\theta_k^*,\ \Delta_\alpha^*\}$。

设塑性铰 x_k^* 点两侧梁段的相对转角为 θ_k^*($k=1,\ 2,\ \cdots,\ n+1$)，与外载荷相对应的广义位移为 Δ_α^*($\alpha=1,\ 2,\ \cdots,\ r$)，那么这个机动场也可表示为$\{\theta_k^*,\ \Delta_\alpha^*\}$。可称那些使外载荷在 Δ_α^* 上所做的总功取正值的机动场为运动许可场。

对于每一个运动许可场，当令外载荷做的总功与塑性铰的总耗散功相等时，便得到一个载荷值。机动法就是要在一切可能的运动许可场中寻求取值最小的外载荷。

仍以图 2.63 所示的刚架为例，用机动法求出结构最大可能承受的载荷 P。

图中刚架可能的破损机构总数为 $C_m^{n+1}=C_4^3=4$。这些机构如图 2.64 所示。基本机构的个数为 $m-n=2$。例如，取图 2.64 中的(a)和(b)为基本机构。(a)和(b)这两种基本机构叠加，消去节点②处的铰，就得到机构(c)，当消去节点④处的铰时，便得到机构(d)。

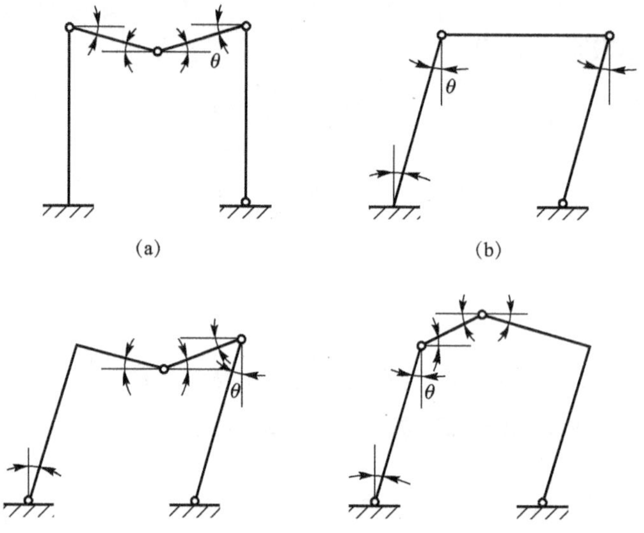

图 2.64

(a)②③④成铰；(b)①②④成铰；(c)①③④成铰；(d)①②③成铰

下面用机动法计算对应于每个破损机构的载荷值。

对于机构(a)

$$2P\times L\theta=4M_s\theta$$

$$P=\frac{2M_s}{L}$$

对于机构(b)

$$3P\times 2L\theta=3M_s\theta$$

$$P=M_s/(2L)$$

对于机构(c)

$$3P\times 2L\theta+2P\times L\theta=5M_s\theta$$

$$P=5M_s/(8L)$$

对于机构(d)

$$3P\times 2L\theta-2P\times L\theta=5M_s\theta$$

$$P=5M_s/(4L)$$

以上四种载荷值中的最小者对应于机构(b)，最先形成塑性铰的节点为①、②、④。

因此

$$P=\frac{M_s}{2L}$$

即结构的塑性极限载荷为$\frac{M_s}{2L}$。

3. 简便算法

在实际问题中，结构的超静定次数和结构中可能成铰的节点数目往往都很大，这时结构可能出现的塑性流动机构的数目也将是很大的。这就使塑性极限载荷的计算变得十分繁复，为此可以采用如下的简便算法。

在以上这些塑性流动机构中事先选取其中的某几个机构，并分别计算出这几个机构所对应的“上限载荷”。进而考察这些“上限载荷”中取最小值的塑性流动机构，并将其铰点上的弯矩值取为极限弯矩，然后根据平衡条件求出其他各节点处的弯矩值。如果所有截面上弯矩的绝对值都没有超过极限弯矩，那么就找到了一个静力许可场，因为它同时对应于某个运动机动场，所以以上所求得的载荷值就是真实的极限载荷，否则以上的载荷只能是真实极限载荷的上限，需要对其他的塑性流动机构重新进行计算。

仍以图 2.63 所示的刚架为例，用机动法求出结构最大可能承受的载荷 P。

先选取使节点②、③、④成铰的机构为塑性流动机构。这时有

$$M_2=-M_s，M_3=M_s，M_4=-M_s$$

由

$$-M_2+2M_3-M_4=2PL$$
$$-M_1+M_2-M_4=5PL$$

可得

$$P=\frac{2M_s}{L}$$

由柱④⑤的平衡条件，可知节点⑤处的水平力为

$$H_5=\frac{M_s}{2L}=\frac{P}{4}$$

可知节点①处的水平力

$$H_1=\frac{11P}{4}$$

由柱①②的平衡条件：

$$M_1=-12M_s$$

即节点①处已违反屈服条件，以上机构并不是真实的塑性流动机构。再选取使节点①、②、④成铰的机构为塑性流动机构。

$$M_1=-M_s，M_2=M_s，M_4=-M_s$$

由

$$-M_2+2M_3-M_4=2PL$$
$$-M_1+M_2-M_4=5PL$$

可得

$$P=\frac{M_s}{2L}$$

由柱④⑤的平衡条件：

$$H_5=\frac{M_s}{2L}=P$$

可知节点①处的水平力

$$H_1=2P$$

可知节点⑤处的垂直力

$$V_5=3P$$

以及

$$M_3=0.5M_s$$

即它没有超过极限弯矩。所以，$P=\frac{M_s}{2L}$就是结构真实的塑性极限载荷。

2.10 极限分析中的上、下限定理

上节没有追踪结构的实际加载过程去逐步地进行结构的弹塑性计算，而是设法直接求出结构的塑性极限载荷及相应的塑性流动机构，这样的分析方法通常称为极限分析。在极限分析中，最常用的方法就是静力法和机动法。这两种方法是以本节将要讨论的上、下限定理为理论依据的。

2.10.1 几个概念

假定作用在结构上的各个外载荷 $P_a(a=1, 2, \cdots, r)$为集中力，它们以共同的比例因子 $\eta(>0)$逐渐增长。当 $\eta=\bar{\eta}$ 时，外载荷对应于真实的塑性极限载荷：

$$P_a=\bar{\eta}N_a(\bar{\eta}>0, a=1, 2, \cdots, r) \tag{2.60}$$

其中 $N_a(a=1, 2, \cdots, r)$表示给定的各载荷间的相对比值。与真实的塑性流动机构相对应的运动许可场可写为$\{\theta_k, \Delta_a\}$，其中 $\theta_k(k=1, 2, \cdots, n+1)$是实际出现塑性铰点 x_k 两侧梁段的相对转角。

静力法要求构造某个静力许可场$\{M_j^0, P_a^0\}(j=1, 2, \cdots, m)$，由此可得到一个载荷乘子 η^0。

$$P_a^0=\eta^0 N_a(a=1, 2, \cdots, r) \tag{2.61}$$

机动法要求构造某个静力许可场，然后计算外载荷值：

$$P_a^*=\eta^* N_a$$

其中，η^* 满足

$$\eta^*\sum_{a=1}^{r}N_a\Delta_a^*=\sum_{k=1}^{n+1}M_s|\theta_k^*| \tag{2.62}$$

根据运动许可场的定义，上式中

$$\sum_{a=1}^{r} N_a \Delta_a^* > 0$$

2.10.2　上、下限定理

由静力法得到的载荷乘子 η^0 小于或等于真实的载荷乘子 $\bar{\eta}$，由机动法得到的载荷乘子 η^* 大于或等于真实的载荷乘子 $\bar{\eta}$，即

$$\eta^0 \leqslant \bar{\eta} \leqslant \eta^* \tag{2.63}$$

证明：由虚功原理可知，当任意一个静力许可场 $\{M_j^0, P_a^0\}$ 在任意一个 $\{\theta_k^*, \Delta_a^*\}$ 运动许可场中做功时，外载荷的虚功应等于内力的虚功。

由于真实场 $\{M_k(x_k), P_a\}$ 是静力许可场的一种，真实场 $\{\theta_k, \Delta_a\}$ 是运动许可场的一种，因此根据不同的组合，可得到虚功方程的几种具体表达式：

$$\sum_{a=1}^{r} P_a^0 \Delta_a = \sum_{k=1}^{n+1} M_k^0(x_k)\theta_k \tag{2.64}$$

$$\sum_{a=1}^{r} P_a \Delta_a^* = \sum_{k=1}^{n+1} M_k(x_k^*)\theta_k^* \tag{2.65}$$

$$\sum_{a=1}^{r} P_a \Delta_a = \sum_{k=1}^{n+1} M_k(x_k)\theta_k = \sum_{k=1}^{n+1} M_s|\theta_k| > 0 \tag{2.66}$$

显然有：

$$|M_k^0(x_k)| \leqslant M_s,\quad |M_k(x_k^*)| \leqslant M_s$$

式(2.66)大于零的条件可写为 $\sum_{a=1}^{r} N_a \Delta_a > 0$。

用式(2.66)减去式(2.64)并利用条件

$$M_s \mid \theta_k \mid - M_k^0(x_k)\theta_k \geqslant 0$$

可得

$$(\bar{\eta} - \eta^0)\sum_{a=1}^{r} N_a \Delta_a \geqslant 0$$

即

$$\eta^0 \leqslant \bar{\eta}$$

类似地，用式(2.62)减去式(2.65)并利用条件

$$M_s|\theta_k^*| - M_k(x_k^*)\theta_k^* \geqslant 0$$

可得

$$(\eta^* \bar{\eta})\sum_{a=1}^{r} N_a \Delta_a^* \geqslant 0$$

即

$$\bar{\eta} \leqslant \eta^*$$

以上定理说明，由静力许可场可得到极限载荷的下限，由运动许可场可得到极限载荷的上限。如果能找到一个既是静力许可场又是运动许可场的体系，那么相应的载荷就必然是结构的塑性极限载荷。如果不能精确地求出极限载荷，也可分别由静力许可场和运动许可场求得极限载荷的下限和上限，并由上限与下限之差来估计极限载荷近似值的精确度。

习　题

2.1　如果应力-应变关系是非线性的，材料是否一定进入塑性阶段？

2.2　画出简单拉伸应力-应变曲线，在图中标出初始屈服极限、相继屈服极限，标出对应相继屈服极限的总应变，说明等向强化模型、随动强化模型如何取值。

2.3　σ_s 和 σ^* 的区别有哪些？

2.4　应力-应变关系的多值性及其产生的根源是什么？

2.5　静水压力试验对处理塑性力学问题的重要意义是什么？

2.6　理想弹塑性模型适合什么材料使用？

2.7　解塑性力学问题的基本特点是什么？

2.8　内变量的概念是什么？

2.9　残余应变和塑性应变的区别是什么？

2.10　解释塑性力学解题对加载路径的依赖性。

2.11　平面假定的作用有哪些？

2.12　梁纯弯时，弹塑性弯矩 M 与曲率 K 的关系(非线性)如何？

2.13　应力间断的特点有哪些？

2.14　梁弯曲时，弹塑性区是如何区分的？ζ 和 $\zeta(x)$ 起什么作用？

2.15　何谓塑性铰？塑性铰的特点是什么？

2.16　什么是塑性极限载荷？其值与什么有关？

2.17　简述弹塑性梁求挠曲线的边界条件和光滑连续条件的应用。

2.18　横力弯曲时残余挠度如何计算？

2.19　在横向载荷作用下梁的弹塑性分析和强化材料矩形截面梁的弹塑性纯弯曲分析过程中使用的相同的方程是什么？不同的地方在哪儿？

2.20　由于模型的变动，已知 K 求 M，使用的是哪个公式？已知 M 求 K，采用什么方法？

2.21　以梁或三杆桁架为例，说明塑性力学的解题思路和步骤。

2.22　如图 2.65 所示的等截面杆，截面积为 A。在 $x=a$ 处($b>a$)作用一个逐渐增大的力 P。该杆的材料是线性强化弹塑性的，拉伸和压缩时规律一样，求左端反力 N_1 与力 P 的关系。

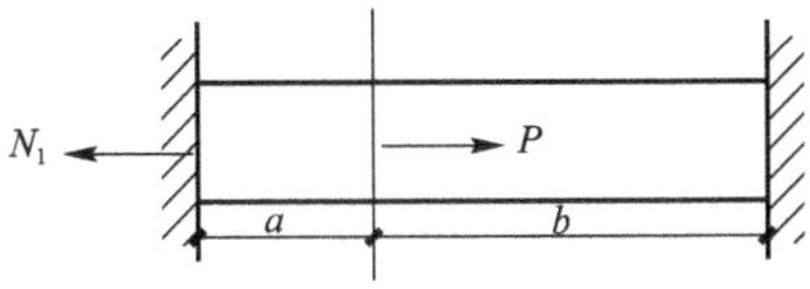

图 2.65

2.23　如图 2.66 所示的梁，在 $x=a$ 处受力 P 作用。求梁的塑性极限载荷 P_s。

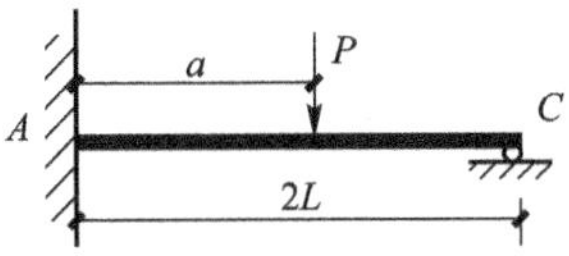

图 2.66

2.24　如图 2.67 所示的梁，在梁的中点处受力 P 作用。求梁的塑性极限载荷 P_s。

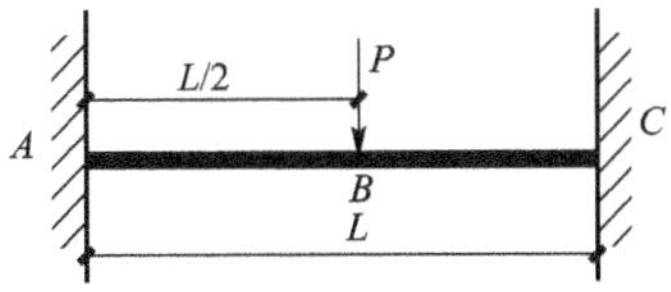

图 2.67

第 3 章　复杂应力状态的弹塑性问题

3.1　引　言

第 2 章通过简单应力状态下的弹塑性分析对塑性力学中的基本概念、特点和研究方法进行了初步的介绍，从而为以后的学习做了必要的准备。本章开始讨论一般应力状态下的弹塑性变形规律，在弹性力学的基础之上对一般应力状态下的屈服条件和强化法则进行探讨，建立三维应力条件下的弹塑性本构关系。

在实验的基础上，塑性力学一般采用以下假设。

(1)忽略时间因素对材料变形的影响(不计蠕变和松弛)。

(2)材料是均匀的、连续的。

(3)各向均匀的应力状态，即静水应力状态不影响塑性变形而只产生弹性体积的变化。

(4)稳定材料。

(5)均匀应力-应变实验的结果，可以用于有应力梯度的情况。

3.2　应力分析

3.2.1　应力张量及其不变量

(1)应力状态的概念：受力物体内某点处所取无限多截面上的应力情况的总和，即显示和表明了该点的应力状态。考虑到剪应力互等，一点的应力状态用六个应力分量来表示。

(2)应力张量的概念：数学上，在变换坐标时，服从一定坐标变换式的九个数所定义的量，称为二阶张量(图 3.1)。根据这一定义，物体内一点处的应力状态可用二阶张量的形式来表示，并称应力张量，而各应力分量即应

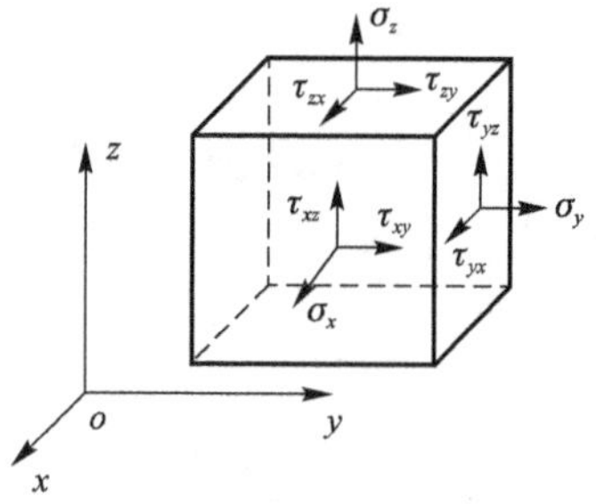

图 3.1

力张量的元素，且由剪应力互等定理可知，应力张量应是一个对称的二阶张量，简称为应力张量。

1. 一点应力状态的表示方式

一点应力状态由一个二阶对称的应力张量表示，在直角坐标系中由九个应力分量表示。

x 面的应力：σ_x，τ_{xy}，τ_{xz}；

y 面的应力：σ_y，τ_{yx}，τ_{yz}；

z 面的应力：σ_z，τ_{zx}，τ_{zy}。

用矩阵形式可写成(工程力学的习惯写法)

$$\sigma_{ij}=\begin{bmatrix}\sigma_{xx} & \tau_{xy} & \tau_{xz}\\ \tau_{yx} & \sigma_{yy} & \tau_{yz}\\ \tau_{zx} & \tau_{zy} & \sigma_{zz}\end{bmatrix}$$

而弹性力学的习惯写法为

$$\sigma_{ij}=\begin{bmatrix}\sigma_{xx} & \sigma_{xy} & \sigma_{xz}\\ \sigma_{yx} & \sigma_{yy} & \sigma_{yz}\\ \sigma_{zx} & \sigma_{zy} & \sigma_{zz}\end{bmatrix}$$

若采用张量下标记号的应力写法，把坐标轴 x、y、z 简记为 x_j($j=1$，2，3)，则可以表示为

$$\sigma_{ij}=\sigma_{ji}=\begin{bmatrix}\sigma_{11} & \sigma_{12} & \sigma_{13}\\ \sigma_{21} & \sigma_{22} & \sigma_{23}\\ \sigma_{31} & \sigma_{32} & \sigma_{33}\end{bmatrix}$$

2. 斜截面上的应力与应力张量的关系

在 x_j 坐标系中，考虑一个法线为 N 的斜平面(图 3.2)。N 是单位向量，其方向余弦为 l_1、l_2、l_3，则这个面上的应力向量 S_N 的三个分量与应力张量 σ_{ij} 之间的关系为

$$\begin{cases}S_{N1}=\sigma_{11}l_1+\sigma_{12}l_2+\sigma_{13}l_3\\ S_{N2}=\sigma_{21}l_1+\sigma_{22}l_2+\sigma_{23}l_3\\ S_{N3}=\sigma_{31}l_1+\sigma_{32}l_2+\sigma_{33}l_3\end{cases}\tag{3.1}$$

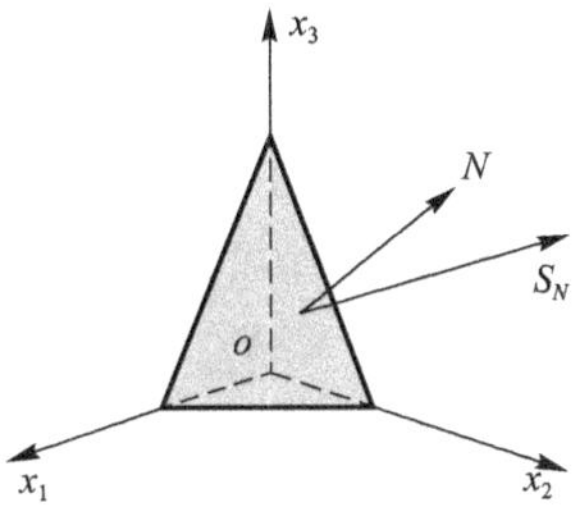

图 3.2

写为矩阵形式

$$\begin{bmatrix} S_{N1} \\ S_{N2} \\ S_{N3} \end{bmatrix} = \begin{bmatrix} \sigma_{11} & \sigma_{12} & \sigma_{13} \\ \sigma_{21} & \sigma_{22} & \sigma_{23} \\ \sigma_{31} & \sigma_{32} & \sigma_{33} \end{bmatrix} \begin{bmatrix} l_1 \\ l_2 \\ l_3 \end{bmatrix}$$

如采用张量下标记号，可简写成

$$S_{Ni} = \sigma_{ij} l_j$$

符号说明：

(1)重复出现的下标称为求和下标，相当于 $\sum_{j=1}^{3}$ ，称为求和约定；

(2)不重复出现的下标 i 称为自由下标，可取 $i=1$，2，3。

3. 主应力及应力张量的不变量

(1)主应力。若在某一斜面上 $\tau_N=0$，则该斜面上的正应力 σ_N 称为该点的一个主应力 σ。

(2)应力主向。主应力 σ 所在的平面，称为主平面(图 3.3)；主应力 σ 所在平面的法线方向，称为应力主向；根据主平面的定义，设 S_N 与 N 重合。若 S_N 的大小为 λ，则它在各坐标轴上的投影为

$$\begin{cases} S_{N1} = \lambda l_1 \\ S_{N2} = \lambda l_2 \\ S_{N3} = \lambda l_3 \end{cases} \tag{3.2}$$

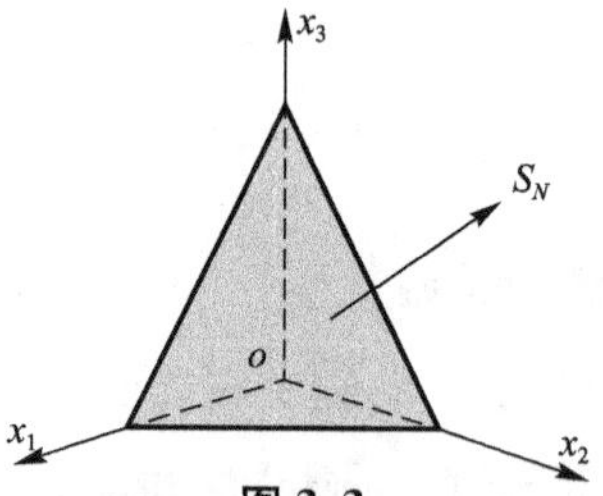

图 3.3

代入

$$\begin{cases} S_{N1} = \sigma_{11} l_1 + \sigma_{12} l_2 + \sigma_{13} l_3 \\ S_{N2} = \sigma_{21} l_1 + \sigma_{22} l_2 + \sigma_{23} l_3 \\ S_{N3} = \sigma_{31} l_1 + \sigma_{32} l_2 + \sigma_{33} l_3 \end{cases}$$

可得

$$\begin{cases} (\sigma_{11} - \lambda) l_1 + \sigma_{12} l_2 + \sigma_{13} l_3 = 0 \\ \sigma_{21} l_1 + (\sigma_{22} - \lambda) l_2 + \sigma_{23} l_3 = 0 \\ \sigma_{31} l_1 + \sigma_{32} l_2 + (\sigma_{33} - \lambda) l_3 = 0 \end{cases} \tag{3.3}$$

或

$$(\sigma_{ij} - \lambda \delta_{ij}) l_j = 0$$

由几何关系可知 $l_1^2+l_2^2+l_3^2=1$，即 $\sum l_i l_i=1$。

由于 l_1、l_2、l_3 不能同时为零，包含这三个未知量的线性齐次方程若有非零解，则此方程组的系数行列式应当等于零。即

$$\begin{vmatrix} \sigma_{11}-\lambda & \sigma_{12} & \sigma_{13} \\ \sigma_{21} & \sigma_{22}-\lambda & \sigma_{23} \\ \sigma_{31} & \sigma_{32} & \sigma_{33}-\lambda \end{vmatrix}=0$$

或

$$|\sigma_{ij}-\lambda\delta_{ij}|=0$$

将这个行列式展开得到

$$\lambda^3-J_1\lambda^2-J_2\lambda-J_3=0$$

其中

$$\begin{cases} J_1=\sigma_{kk} \\ J_2=-\dfrac{1}{2}(\sigma_{ii}\sigma_{kk}-\sigma_{ik}\sigma_{ki}) \\ J_3=|\sigma_{ij}| \end{cases} \tag{3.4}$$

(3)应力张量的不变量。当坐标轴方向改变时，应力张量的分量 σ_{ij} 均将改变，但主应力的大小不应随坐标轴的选取而改变。因此，方程的系数的 J_1、J_2、J_3 与坐标轴的取向无关，其称为应力张量的三个不变量。

可以证明方程 $\lambda^3-J_1\lambda^2-J_2\lambda-J_3=0$ 有三个实根，即三个主应力。

当用主应力来表示不变量时：

$$\begin{cases} J_1=\sigma_1+\sigma_2+\sigma_3 \\ J_2=-(\sigma_1\sigma_2+\sigma_2\sigma_3+\sigma_3\sigma_1) \\ J_3=\sigma_1\sigma_2\sigma_3 \end{cases} \tag{3.5}$$

例 3.1　判别以下两个应力张量是否表示同一应力状态。

$$\sigma_{ij}^1=\begin{bmatrix} a & 0 & 0 \\ 0 & b & 0 \\ 0 & 0 & 0 \end{bmatrix} \qquad \sigma_{ij}^2=\begin{bmatrix} \dfrac{a+b}{2} & \dfrac{a-b}{2} & 0 \\ \dfrac{a-b}{2} & \dfrac{a+b}{2} & 0 \\ 0 & 0 & 0 \end{bmatrix}$$

解： $J_1=\sigma_{kk}=a+b+0=a+b$

$$\begin{aligned} J_2 &=-\frac{1}{2}(\sigma_{ii}\sigma_{kk}-\sigma_{ik}\sigma_{ki}) \\ &=-(\sigma_{11}\sigma_{22}+\sigma_{22}\sigma_{33}+\sigma_{33}\sigma_{11})+(\sigma_{12}^2+\sigma_{23}^2+\sigma_{31}^2) \\ &=-ab \end{aligned}$$

$$J_3=|\sigma_{ij}|=\begin{vmatrix} a & 0 & 0 \\ 0 & b & 0 \\ 0 & 0 & 0 \end{vmatrix}=0$$

两个应力张量的不变量相同，表示同一应力状态。因此，判别两个应力状态是否相同，可以通过判别对应的三个主应力不变量是否相同实现。

3.2.2 偏应力张量及其不变量

1. 偏应力张量

在静水压力作用下，$\sigma_{11}=\sigma_{22}=\sigma_{33}=\sigma$，应力、应变间服从弹性规律，且不会屈服、不会产生塑性变形，则应力分量分成两部分。

$$
\text{应力}\begin{cases}\text{不产生塑性变形的部分}\\ \text{产生塑性变形的部分}\end{cases}
$$

设平均正应力

$$
\sigma_{\mathrm{m}}=\frac{1}{3}(\sigma_{11}+\sigma_{22}+\sigma_{33})=\frac{1}{3}\sigma_{kk}=\frac{1}{3}J_1 \tag{3.6}
$$

则应力张量可做如下分解：

$$
\begin{bmatrix}\sigma_{11} & \sigma_{12} & \sigma_{13}\\ \sigma_{21} & \sigma_{22} & \sigma_{23}\\ \sigma_{31} & \sigma_{32} & \sigma_{33}\end{bmatrix}=\begin{bmatrix}\sigma_{\mathrm{m}} & 0 & 0\\ 0 & \sigma_{\mathrm{m}} & 0\\ 0 & 0 & \sigma_{\mathrm{m}}\end{bmatrix}+\begin{bmatrix}\sigma_{11}-\sigma_{\mathrm{m}} & \sigma_{12} & \sigma_{13}\\ \sigma_{21} & \sigma_{22}-\sigma_{\mathrm{m}} & \sigma_{23}\\ \sigma_{31} & \sigma_{32} & \sigma_{33}-\sigma_{\mathrm{m}}\end{bmatrix}
$$

应力状态分析如图 3.4 所示。

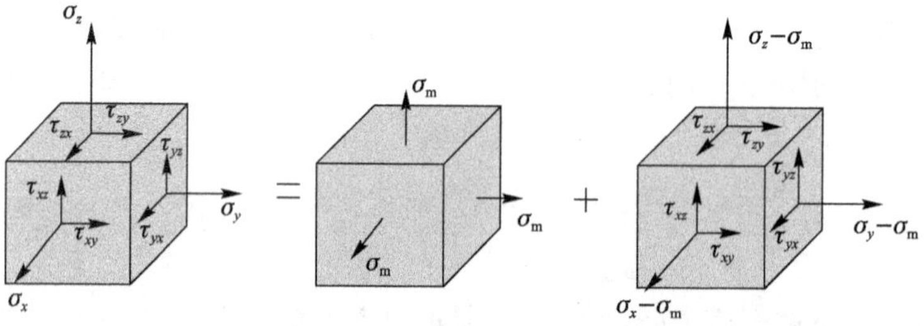

图 3.4

可用张量符号表示为

$$
\sigma_{ij}=\sigma_{\mathrm{m}}\delta_{ij}+s_{ij}
$$

其中，δ_{ij} 表示单位应力球张量。

$$
\delta_{ij}=\begin{bmatrix}1 & 0 & 0\\ 0 & 1 & 0\\ 0 & 0 & 1\end{bmatrix}
$$

或

$$
\delta_{ij}=\begin{cases}1 & \text{当 } i=j \text{ 时}\\ 0 & \text{当 } i\neq j \text{ 时}\end{cases}
$$

$\sigma_m\delta_{ij}$ 为应力球张量：

$$\sigma_m\delta_{ij}=\begin{bmatrix}\sigma_m & 0 & 0\\ 0 & \sigma_m & 0\\ 0 & 0 & \sigma_m\end{bmatrix} \tag{3.7}$$

S_{ij} 为偏应力张量：

$$S_{ij}=\begin{bmatrix}\sigma_{11}-\sigma_m & \sigma_{12} & \sigma_{13}\\ \sigma_{21} & \sigma_{22}-\sigma_m & \sigma_{23}\\ \sigma_{31} & \sigma_{32} & \sigma_{33}-\sigma_m\end{bmatrix} \tag{3.8}$$

应力球张量 $\sigma_m\delta_{ij}$ 表示三个主应力相等的应力状态，也称为静水应力，试验表明，它只引起弹性体积的变化，而无形状的改变。

偏应力张量 S_{ij} 代表的应力状态只产生材料的形状改变，而无体积改变。这部分是塑性力学所关心的。

因此可知，材料进入塑性阶段后，单元体的体积变形是弹性的，只与应力球张量有关；而与形状改变有关的塑性变形是由偏应力张量引起的，应力张量的这种分解在塑性力学中有重要意义。

2. 应力偏张量的不变量

应力偏张量的主轴方向与应力主轴方向一致，主值(称为主偏应力)为

$$S_1=\sigma_1-\sigma_m$$
$$S_2=\sigma_2-\sigma_m$$
$$S_3=\sigma_3-\sigma_m$$

或

$$S_j=\sigma_j-\sigma_m(j=1,\ 2,\ 3)$$

可见，应力偏张量 S_{ij} 是一种特殊的应力状态，它的三个正应力的和等于零。

由于

$$\lambda^3-J_1'\lambda^2-J_2'\lambda-J_3'=0$$

应力偏张量也有三个不变量：

$$\begin{cases}J_1'=S_1+S_2+S_3=\sigma_1+\sigma_2+\sigma_3-3\sigma_m=0\\ J_2'=-(S_1S_2+S_2S_3+S_3S_1)=\dfrac{1}{2}(S_1^2+S_2^2+S_3^2)\\ J_3'=S_1S_2S_3\end{cases} \tag{3.9}$$

其中应力偏张量的第二不变量在塑性力学中是一个重要的量，除了上面的表达式外，它还有不同的表达式：

$$\begin{cases} J_2'=\frac{1}{2}(S_{11}^2+S_{22}^2+S_{33}^2+2S_{12}^2+2S_{23}^2+2S_{31}^2)=\frac{1}{2}S_{ij}S_{ij} \\ J_2'=\frac{1}{6}[(\sigma_1-\sigma_2)^2+(\sigma_2-\sigma_3)^2+(\sigma_3-\sigma_1)^2] \\ J_2'=\frac{1}{3}(\sigma_1^2+\sigma_2^2+\sigma_3^2-\sigma_1\sigma_2-\sigma_2\sigma_3-\sigma_3\sigma_1) \end{cases} \tag{3.10}$$

说明：

(1)在后面的章节中将看到，J_2'在屈服条件中起重要作用。至于 J_3'，其特点为：不管 S_{ij} 的分量多么大，只要有一个主偏应力为零，就有 $J_3'=0$。这暗示 J_3'在屈服条件中不可能起决定作用。

(2)应力偏张量也是一个二阶对称张量，即 $S_{ij}=S_{ji}$，其主方向与应力张量的主方向是一致的。

3. 引入与 J_2'有关的几个定义

(1)等效应力 $\bar{\sigma}$。等效应力在塑性力学中称为应力强度或等效应力，它代表复杂应力状态折合成单向应力状态的当量应力。

假定 J_2'相等的两个应力状态的力学效应相同，那么对一般应力状态可以定义

$$\bar{\sigma}=\sqrt{3J_2'}=\frac{1}{\sqrt{2}}\sqrt{(\sigma_1-\sigma_2)^2+(\sigma_2-\sigma_3)^2+(\sigma_3-\sigma_1)^2} \tag{3.11}$$

注意：这里的“强度”或“等效”都是在 J_2'的意义下衡量的。

等效应力 $\bar{\sigma}$ 随应力状态不同而变化，即

$$\bar{\sigma}=(\frac{1}{1.155}\sim 1)(\sigma_{max}-\sigma_{min})$$

等效应力是衡量材料处于弹性状态或塑性状态的重要依据，它反映了各主应力的综合作用。

简单拉伸时 $\sigma_1=\sigma \qquad \sigma_2=\sigma_3=0$

因为

$$\bar{\sigma}=\sqrt{3J_2'}=\frac{1}{\sqrt{2}}\sqrt{(\sigma_1-\sigma_2)^2+(\sigma_2-\sigma_3)^2+(\sigma_3-\sigma_1)^2}$$

$$\bar{\sigma}=\sigma$$

(2)等效应力 $\bar{\sigma}$ 的特点。

①与空间坐标轴的选取无关；

②各正应力增大或减小同一数值(也就是叠加一个静水应力状态)时，$\bar{\sigma}$ 数值不变，即与应力球张量无关；

③$\sigma_j(j=1, 2, 3)$全反号时，$\bar{\sigma}$ 的数值不变。

(3)S_{ij} 空间。S_{ij} 空间指的是以 S_{ij} 的九个分量为坐标轴的九维偏应力空间；$\bar{\sigma}$ 标志着所考察的偏应力状态与材料未受力(或只受静水应力)状态的距离或差别的大小。

$$J_2'=\frac{1}{2}S_{ij}S_{ij}$$

可以看出，$\bar{\sigma}$ 代表 S_{ij} 空间中的广义距离。

(4)等效剪应力 $\bar{T}$。

$$\bar{T}=\sqrt{J_2'}=\frac{1}{\sqrt{6}}\sqrt{(\sigma_1-\sigma_2)^2+(\sigma_2-\sigma_3)^2+(\sigma_3-\sigma_1)^2} \tag{3.12}$$

在纯剪时：　　$\sigma_1=\tau>0\quad \sigma_2=0\quad \sigma_3=-\tau<0$

因此　　$\bar{T}=\tau$

(5)八面体上的剪应力。

等斜面：通过某点作平面，该平面的法线与三个应力主轴夹角相等。

将坐标轴 x、y、z 取与应力主方向一致，则等斜面法线的三个方向余弦为

$$|l_1|=|l_2|=|l_3|=1/\sqrt{3}$$

满足上式的面共有八个，构成一个八面体，如图 3.5 所示。

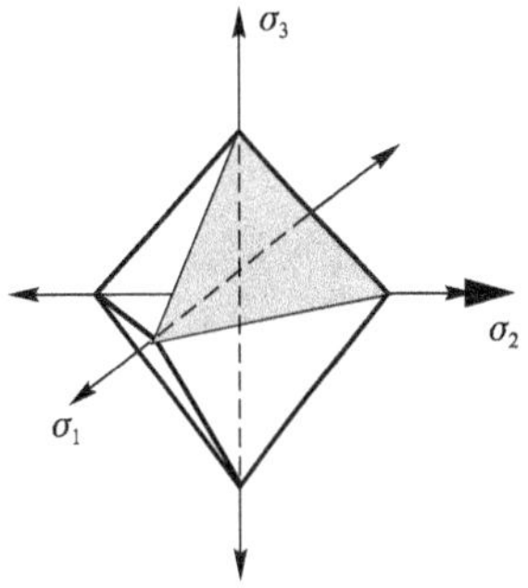

图 3.5

八面体的正应力为

$$\sigma_8=\sigma_1 l_1^2+\sigma_2 l_2^2+\sigma_3^2 l_3^2=\frac{1}{3}(\sigma_1+\sigma_2+\sigma_3)=\sigma_{\mathrm{m}} \tag{3.13}$$

八面体的总应力为

$$|P_8|^2=(\sigma_1 l_1)^2+(\sigma_2 l_2)^2+(\sigma_3 l_3)^2=\frac{1}{3}(\sigma_1^2+\sigma_2^2+\sigma_3^2)$$

八面体的剪应力为

$$\tau_8=\sqrt{|P_8|^2-\sigma_8^2}=\frac{1}{3}\sqrt{(\sigma_1-\sigma_2)^2+(\sigma_2-\sigma_3)^2+(\sigma_3-\sigma_1)^2}$$

$$\tau_8=\sqrt{\frac{2}{3}J_2'} \tag{3.14}$$

八面体面上的应力向量可分解为两个分量：

①垂直于八面体面的分量，即正应力 $\sigma_8=\sigma_{\mathrm{m}}$，它与应力球张量有关，或者说与 J_1 有关；

②沿八面体面某一切向的分量，即剪应力 $\tau_8=\sqrt{\frac{2}{3}J_2'}$，它与应力偏张量的第二不变量 J_2' 有关。

(6)八面体剪应力、等效应力和等效剪应力之间的换算关系。

$$\left.\begin{aligned}&\tau_8=\frac{\sqrt{2}}{3}\bar{\sigma}=\sqrt{\frac{2}{3}}\bar{\tau}=\sqrt{\frac{2}{3}J_2'}\\&\bar{\sigma}=\frac{3}{\sqrt{2}}\tau_8=\sqrt{3}\bar{\tau}=\sqrt{3J_2'}\\&\bar{\tau}=\frac{1}{\sqrt{3}}\bar{\sigma}=\sqrt{\frac{3}{2}}\tau_8=\sqrt{J_2'}\end{aligned}\right\}$$

说明：这些量的引入，可能把复杂应力状态化作“等效”（在 J_2' 意义下的等效）的单向应力状态，从而有可能对不同应力状态的“强度”做出定量的描述和比较。

例 3.2 设某点的应力张量为 $\sigma_{ij}=\begin{bmatrix}30&10&10\\10&0&20\\10&20&0\end{bmatrix}$，试求其主应力 σ_1、σ_2、σ_3 及主方向，并写出应力偏张量，画出应力状态分析简图。

解：主应力 σ 由下式给出：

$$\begin{vmatrix}30-\lambda&10&10\\10&-\lambda&20\\10&10&-\lambda\end{vmatrix}=\lambda^3-30\lambda^2-600\lambda+8\ 000=0$$

$$(\lambda-40)(\lambda-10)(\lambda+20)=0$$

解三次方程得到

$$J_1=30\quad J_2=600\quad J_3=-8\ 000$$

因此可求得

$$\lambda_1=\sigma_1=40\quad \lambda_2=\sigma_2=10\quad \lambda_3=\sigma_3=-20$$

将求得的 $\lambda_1=40$ 代入下式：

$$\begin{cases}(\sigma_{11}-\lambda_1)l_1+\sigma_{12}l_2+\sigma_{13}l_3=0\\\sigma_{21}l_1+(\sigma_{22}-\lambda_1)l_2+\sigma_{23}l_3=0\\\sigma_{31}l_1+\sigma_{32}l_2+(\sigma_{33}-\lambda_1)l_3=0\end{cases}$$

$$l_1^2+l_2^2+l_3^2=1$$

可求得 σ_1 的主方向余弦为

$$l_1=\frac{2}{\sqrt{6}}\quad l_2=l_3=\frac{1}{\sqrt{6}}$$

同理，可求得 σ_2 的主方向余弦为

$$l_1=\frac{1}{\sqrt{3}}\quad l_2=l_3=\frac{1}{\sqrt{3}}$$

同理，可求得 σ_3 的主方向余弦为

$$l_1=0\quad l_2=l_3=-\frac{1}{\sqrt{2}}$$

对于应力张量 σ_{ij}，

$$\sigma_m=\frac{1}{3}(\sigma_x+\sigma_y+\sigma_z)=10$$

应力偏张量

$$S_{ij}=\begin{bmatrix}\sigma_{11}-\sigma_m & \sigma_{12} & \sigma_{13}\\ \sigma_{21} & \sigma_{22}-\sigma_m & \sigma_{23}\\ \sigma_{31} & \sigma_{32} & \sigma_{33}-\sigma_m\end{bmatrix}=\begin{bmatrix}20 & 10 & 10\\ 10 & -10 & 20\\ 10 & 20 & -10\end{bmatrix}$$

用主应力表示的应力状态分析如图 3.6 所示。

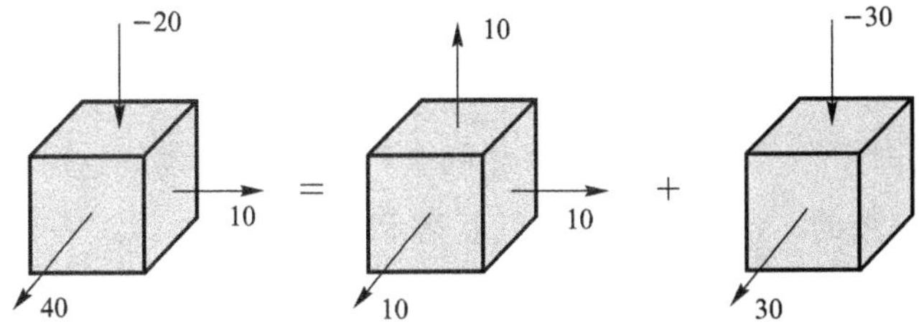

图 3.6

例 3.3　已知物体某点的应力分量为 $\sigma_{ij}=\begin{bmatrix}50 & 50 & 80\\ 50 & 0 & -75\\ 80 & -75 & -30\end{bmatrix}$，求该点的 σ_m、S_{ij}、J_2'、J_3'、$\bar{\sigma}$。

解：

$$\sigma_m=\frac{1}{3}(\sigma_x+\sigma_y+\sigma_z)=\frac{20}{3}$$

$$S_{ij}=\begin{bmatrix}\sigma_{11}-\sigma_m & \sigma_{12} & \sigma_{13}\\ \sigma_{21} & \sigma_{22}-\sigma_m & \sigma_{23}\\ \sigma_{31} & \sigma_{32} & \sigma_{33}-\sigma_m\end{bmatrix}=\begin{bmatrix}50-\frac{20}{3} & 50 & 80\\ 50 & -\frac{20}{3} & -75\\ 80 & -75 & -30-\frac{20}{3}\end{bmatrix}$$

$$\begin{aligned}J_2'&=\frac{1}{2}(S_{11}^2+S_{22}^2+S_{33}^2+2S_{12}^2+2S_{23}^2+2S_{31}^2)\\&=\frac{1}{2}\times[(50-\frac{20}{3})^2+(-\frac{20}{3})^2+(-30-\frac{20}{3})^2+2\times(50)^2+2\times(-75)^2+2\times(80)^2]\\&=16\ 158.33=1.616\times10^4\end{aligned}$$

$$\bar{\sigma}=\sqrt{3J_2'}=220.17$$

$$\begin{vmatrix}50-\lambda & 50 & 80\\ 50 & -\lambda & -75\\ 80 & -75 & -30-\lambda\end{vmatrix}=\lambda^3-20\lambda^2-16\ 025\lambda+806\ 250=0$$

$$(\lambda+138.187\ 3)(\lambda-99.62)(\lambda-58.567\ 3)=0$$

解得　$\lambda_1=\sigma_1=99.62\quad \lambda_2=\sigma_2=58.567\ 3\quad \lambda_3=\sigma_3=-138.187\ 3$

$$J_3'=S_1S_2S_3=(99.62-\frac{20}{3})(58.5673-\frac{20}{3})(-138.1873-\frac{20}{3})$$

$$=-6.988\times10^5$$

3.3 应变分析

3.3.1 应变张量及其不变量

在外力或温度作用下，物体内各部分之间会产生相对运动，这种运动形态称为变形。变形是通过应变来测量的。描述一点的应变状态和一点的应力状态一样，也通过该点的截面来研究。通过该点的三条相互正交直线，研究三条直线上的线应变和每两条线之间的剪应变。这六个独立的应变分量可以描述一点的应变状态。

六个应变分量和三个位移分量有关。设物体内一点(x, y, z)，该点的三个位移分量是u、v、w，显然，它们是x、y、z的函数。在小变形条件下，应变和位移的关系(几何方程)如下：

$$\begin{cases}\varepsilon_x=\dfrac{\partial u}{\partial x} & \varepsilon_{xy}=\dfrac{1}{2}(\dfrac{\partial u}{\partial y}+\dfrac{\partial v}{\partial x})\\ \varepsilon_y=\dfrac{\partial v}{\partial y} & \varepsilon_{yz}=\dfrac{1}{2}(\dfrac{\partial v}{\partial z}+\dfrac{\partial w}{\partial y})\\ \varepsilon_z=\dfrac{\partial w}{\partial z} & \varepsilon_{zx}=\dfrac{1}{2}(\dfrac{\partial w}{\partial x}+\dfrac{\partial u}{\partial z})\end{cases} \tag{3.15}$$

其中，ε_{xy}、ε_{yz}、ε_{zx}与工程剪应变相差一半。即

$$\begin{cases}\varepsilon_{xy}=\dfrac{1}{2}\gamma_{xy}\\ \varepsilon_{yz}=\dfrac{1}{2}\gamma_{yz}\\ \varepsilon_{zx}=\dfrac{1}{2}\gamma_{zx}\end{cases} \tag{3.16}$$

这样取ε_{xy}、ε_{yz}、ε_{zx}的目的是使正应变构成一个二阶对称张量，即应变张量。

以x_i记x、y、z；以u_i记u、v、w。

$$\begin{cases}\varepsilon_{xx}=\varepsilon_{11}=\dfrac{\partial u_1}{\partial x_1}=u_{1,1}\\ \varepsilon_{xy}=\varepsilon_{12}=\dfrac{1}{2}(\dfrac{\partial u_1}{\partial x_2}+\dfrac{\partial u_2}{\partial x_1})=\dfrac{1}{2}(u_{1,2}+u_{2,1})\end{cases} \tag{3.17}$$

注：以下标之间的逗号表示微商，即

$$u_{i,j}=\frac{\partial u_i}{\partial x_j}$$

公式的张量形式：

$$\varepsilon_{ij}=\frac{1}{2}(u_{i,j}+u_{j,i})$$

类似地，应变张量有三个主应变和三个不变量，称为主应变及应变张量的不变量。

$$I_1=\varepsilon_{11}+\varepsilon_{22}+\varepsilon_{33}=\varepsilon_1+\varepsilon_2+\varepsilon_3$$

$$I_2=-\varepsilon_{11}\varepsilon_{22}-\varepsilon_{22}\varepsilon_{33}-\varepsilon_{33}\varepsilon_{11}+\varepsilon_{12}^2+\varepsilon_{23}^2+\varepsilon_{31}^2$$

$$I_3=|\varepsilon_{ij}|=\begin{vmatrix}\varepsilon_{11} & \varepsilon_{12} & \varepsilon_{13}\\ \varepsilon_{21} & \varepsilon_{22} & \varepsilon_{23}\\ \varepsilon_{31} & \varepsilon_{32} & \varepsilon_{33}\end{vmatrix} \tag{3.18}$$

平均正应变

$$\varepsilon_{\mathrm{m}}=\frac{1}{3}(\varepsilon_{11}+\varepsilon_{22}+\varepsilon_{33})=\frac{1}{3}\varepsilon_{kk} \tag{3.19}$$

3.3.2　应变偏张量及其不变量

1. 应变偏张量

应变张量也可以分解为应变球张量和应变偏张量，即

$$\varepsilon_{ij}=\varepsilon_{\mathrm{m}}\delta_{ij}+e_{ij}$$

$\varepsilon_{\mathrm{m}}\delta_{ij}$ → 应变球张量 → 与弹性的体积改变部分有关

e_{ij} → 应变偏张量 → 只反映变形中形状改变的那部分

$$\varepsilon_{\mathrm{m}}\delta_{ij}=\begin{bmatrix}\varepsilon_{\mathrm{m}} & 0 & 0\\ 0 & \varepsilon_{\mathrm{m}} & 0\\ 0 & 0 & \varepsilon_{\mathrm{m}}\end{bmatrix}\qquad e_{ij}=\begin{bmatrix}\varepsilon_{11}-\varepsilon_{\mathrm{m}} & \varepsilon_{12} & \varepsilon_{13}\\ \varepsilon_{12} & \varepsilon_{22}-\varepsilon_{\mathrm{m}} & \varepsilon_{23}\\ \varepsilon_{13} & \varepsilon_{23} & \varepsilon_{33}-\varepsilon_{\mathrm{m}}\end{bmatrix}$$

2. 应变偏张量的不变量

$$\left.\begin{aligned}I_1'&=e_{11}+e_{22}+e_{33}=e_1+e_2+e_3=0\\ I_2'&=\frac{1}{2}e_{ij}e_{ij}=\frac{1}{2}(e_1^2+e_2^2+e_3^2)\\ &=\frac{1}{6}[(\varepsilon_1-\varepsilon_2)^2+(\varepsilon_2-\varepsilon_3)^2+(\varepsilon_3-\varepsilon_1)^2]\\ I_3'&=|e_{ij}|=e_1\,e_2\,e_3\end{aligned}\right\} \tag{3.20}$$

其中，ε_j 和 e_j 分别是主应变和应变偏张量的主值。

3. 引入与 I_2' 有关的几个定义

(1)等效应变。等效应变又称应变强度，它代表复杂应变状态折合成单向拉伸(或压缩)状态的当量应变，可用下式表示：

$$\bar{\varepsilon}=\frac{2}{\sqrt{3}}\sqrt{I_2'}=\sqrt{\frac{2}{9}[(\varepsilon_1-\varepsilon_2)^2+(\varepsilon_2-\varepsilon_3)^2+(\varepsilon_3-\varepsilon_1)^2]} \tag{3.21}$$

在简单拉伸时，如果材料不可压缩，则

$$\varepsilon_1=\varepsilon \quad \varepsilon_2=\varepsilon_3=-\frac{1}{2}\varepsilon$$

$$\bar{\varepsilon}=\sqrt{\frac{2}{9}[(\varepsilon_1-\varepsilon_2)^2+(\varepsilon_2-\varepsilon_3)^2+(\varepsilon_3-\varepsilon_1)^2]}=\varepsilon$$

$$\bar{\varepsilon}=\varepsilon$$

(2)等效剪应变。

$$\Gamma=2\sqrt{I_2'}=\sqrt{\frac{2}{3}[(\varepsilon_1-\varepsilon_2)^2+(\varepsilon_2-\varepsilon_3)^2+(\varepsilon_3-\varepsilon_1)^2]} \tag{3.22}$$

在纯剪时：

$$\varepsilon_1=-\varepsilon_3=\frac{1}{2}\gamma>0 \quad \varepsilon_2=0$$

$$\Gamma=\gamma$$

(3)八面体面上的正应变和剪应变。使用类似八面体面上的正应力和剪应力的求法可以得到八面体面上的正应变和剪应变：

$$\varepsilon_8=\frac{1}{3}(\varepsilon_1+\varepsilon_2+\varepsilon_3)$$

$$\gamma_8=\frac{2}{3}\sqrt{[(\varepsilon_1-\varepsilon_2)^2+(\varepsilon_2-\varepsilon_3)^2+(\varepsilon_3-\varepsilon_1)^2]}=\frac{2\sqrt{2}}{\sqrt{3}}\sqrt{J_2'} \tag{3.23}$$

应变强度定义为

$$\varepsilon_i=\frac{\sqrt{2}}{3}\sqrt{[(\varepsilon_1-\varepsilon_2)^2+(\varepsilon_2-\varepsilon_3)^2+(\varepsilon_3-\varepsilon_1)^2]}=\frac{2}{\sqrt{3}}\sqrt{J_2'} \tag{3.24}$$

3.4 屈服条件和屈服曲面

3.4.1 屈服条件

简单应力状态下的屈服极限为$\pm\sigma_s$。

在复杂应力状态下，设作用于物体上的外载荷逐步增大，在其变形的初始阶段，每个微元处于弹性阶段。材料初始弹性状态的界限称为初始屈服条件，简称屈服条件。

一般地，

$$\Phi(\sigma_{ij}, \varepsilon_{ij}, \dot{\varepsilon}_{ij}, t, T)=0 \tag{3.25}$$

受六个应力分量、应变分量、应变速率、时间、温度等因素的综合影响。

当不考虑时间效应且接近常温时，在初始屈服前材料处于弹性状态，应力和应变有一一对应的关系。

$$F(\sigma_{ij})=0 \tag{3.26}$$

屈服条件的几何意义：屈服条件 $F(\sigma_{ij})=0$ 在以应力分量为坐标的应力空间中为一曲面，称为屈服曲面。屈服曲面是区分弹性和塑性阶段的分界面。

(1)当应力点 σ_{ij} 位于曲面之内，即 $F(\sigma_{ij})<0$ 时，材料处于弹性阶段。

(2)当应力点 σ_{ij} 位于曲面之上，即 $F(\sigma_{ij})=0$ 时，材料开始屈服，进入塑性状态。

在讨论屈服曲面的一般形式之前，先给出如下两点假设。

(1)材料是初始各向同性的，即屈服条件与坐标的取向无关。可表示为三个主应力的函数：$f(\sigma_1, \sigma_2, \sigma_3)=0$，或用应力不变量来表示：$f(J_1, J_2, J_3)=0$。

(2)静水应力不影响材料的塑性性质。这时，屈服条件只与应力偏量有关：

$$f(S_1, S_2, S_3)=0$$

也可由应力偏张量的不变量表示：$f(J_2', J_3')=0$

3.4.2　应力空间和主应力空间

1. 应力空间

一点的应力张量有九个应力分量，以它们为九个坐标轴就得到假想的九维应力空间。考虑到九个应力分量中只有六个是独立的，所以可构成一个六维应力空间来描述应力状态。也就是说需要用六维应力空间中的一点来表示，这是无法直观表示的。如果用三个主应力维坐标轴的应力空间来表示，就可以得到直观的几何图像。应力空间就是指这个主应力空间。

应力空间是以 σ_1、σ_2、σ_3 为坐标轴的假想的三维空间，这个空间中的一个点就代表了用主应力 σ_1、σ_2、σ_3 所表示的一个应力状态。如图 3.7 所示，矢量 **OA** 表示此点的应力状态，称为应力状态矢，或应力向量。物体内这一点的应力状态的变化对应主应力空间的一条轨迹，称为应力路径。

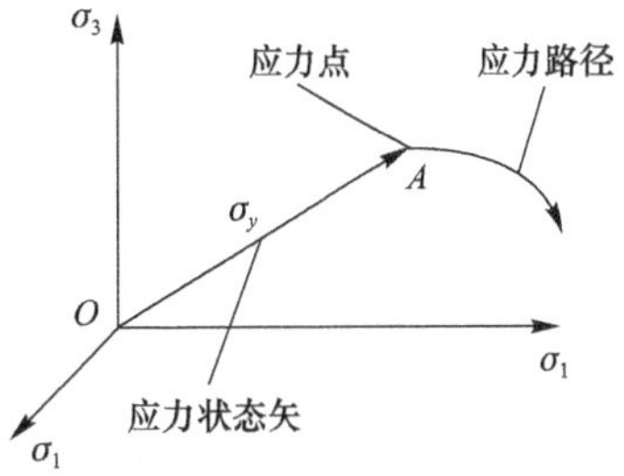

图 3.7

2. 应力空间的性质

(1)L 直线：主应力空间中过原点并与坐标轴成等角的直线。其方程为 $\sigma_1=\sigma_2=\sigma_3$ 显然，L 直线上的点代表物体中承受静水应力的点的状态，这样的应力状态将不产生塑性变形，如图 3.8 所示。

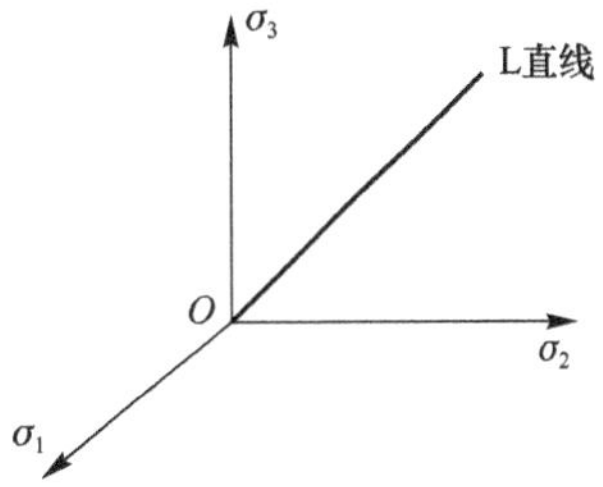

图 3.8

(2)π 平面：主应力空间中过原点并与 L 直线垂直的平面(图 3.9)。其方程为

$$\sigma_1+\sigma_2+\sigma_3=0$$

由于 π 平面上任一点的平均正应力为零，所以 π 平面上的点对应于只有应力偏张量，不引起体积变形的应力状态。

如图 3.10 所示，主应力空间中任意一点 P 所确定的向量 $\overrightarrow{OP}$ 可以分解为

$$\overrightarrow{OP}=\overrightarrow{ON}+\overrightarrow{OQ}$$

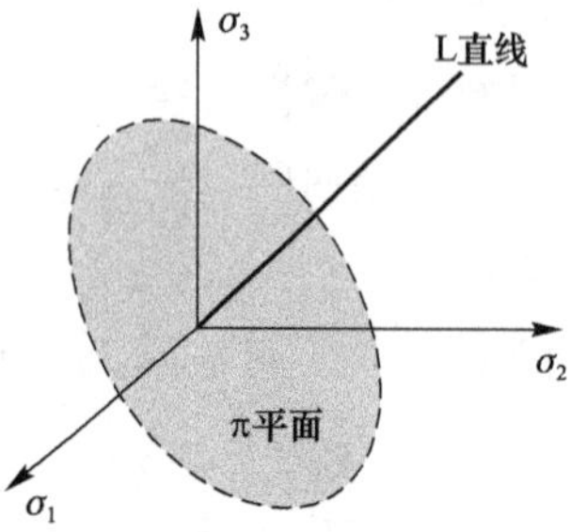

图 3.9

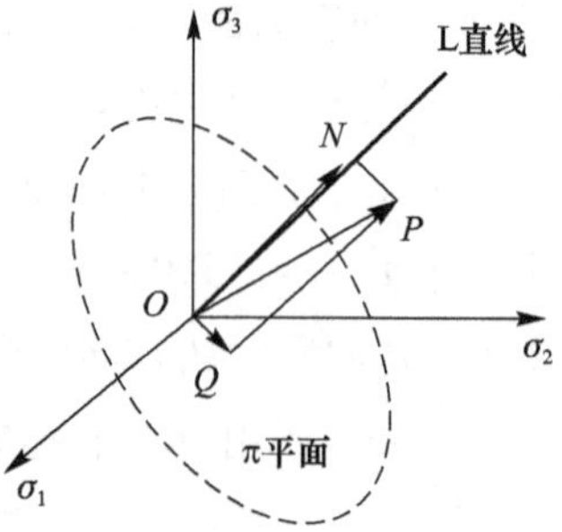

图 3.10

这样任意应力状态就被分解为两部分，分别与应力球张量和应力偏张量部分对应。

$$\overrightarrow{OP}=\sigma_1\boldsymbol{i}+\sigma_2\boldsymbol{j}+\sigma_3\boldsymbol{k}$$

$$\overrightarrow{OP}=\underbrace{(\sigma_m\boldsymbol{i}+\sigma_m\boldsymbol{j}+\sigma_m\boldsymbol{k})}_{\text{应力球张量}}+\underbrace{(S_1\boldsymbol{i}+S_2\boldsymbol{j}+S_3\boldsymbol{k})}_{\text{应力偏张量}}=\overrightarrow{ON}+\overrightarrow{OQ}$$

因为

$$S_1+S_2+S_3=0$$

所以向量 $\overrightarrow{OQ}$ 在 π 平面上。

3.4.3　屈服曲面和屈服曲线

$\overrightarrow{ON}$ 对应于应力状态的球张量部分，即静水压力部分。由于静水应力不影响屈服，屈服与否与 $\overrightarrow{ON}$ 无关。因此当 P 点达到屈服时，L′直线上的任一点也达到屈服，如图 3.11所示。

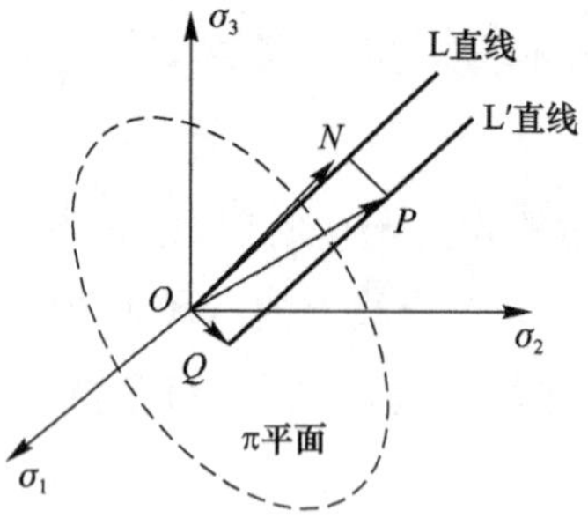

图 3.11

屈服曲面是一个等截面柱面，其母线平行于 L 直线。并且此柱面垂直于 π 平面。屈服曲面与 π 平面相交所得的一条封闭曲线，称为屈服曲线，或称屈服轨迹，如图 3.12 所示。

屈服曲线的方程：$f(J_2', J_3')=0$。

屈服曲线的主要性质(图 3.13)如下：

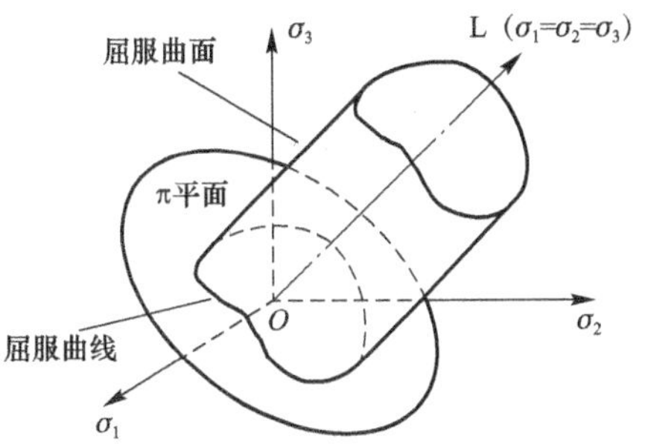

图 3.12

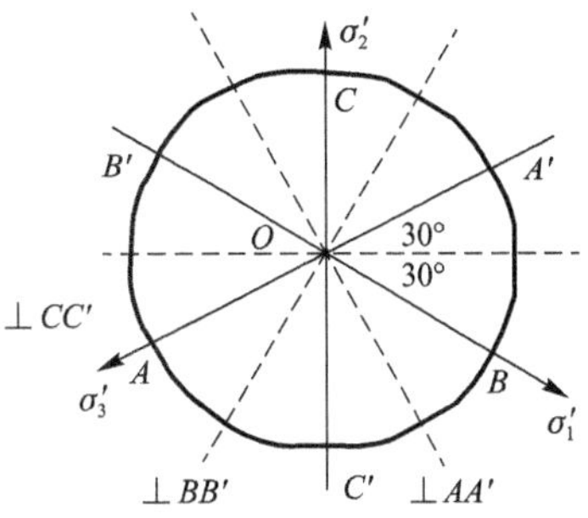

图 3.13

(1)由于材料是初始各向同性的，在屈服条件不因坐标变换而变化，因此屈服曲线关于 σ_1'、σ_2'、σ_3'三轴对称。即在 π 平面上屈服曲线有三条对称轴，如能通过实验确定 60°范围内的屈服曲线，那么就可由对称性确定整个平面上的屈服曲线。

(2)对于大多数金属材料，初始拉伸和压缩的屈服极限相等，因此屈服曲线关于 σ_1'、σ_2'、σ_3'三轴的垂线也对称。在这种情况下，π 平面上的屈服曲线有六条对称轴，只需要在 30°范围内进行实验，就可以完全确定屈服曲线的形状了。

3.4.4　π 平面上的几何关系

(1)分别在主应力空间的三个坐标轴上截取长度为 1 的线段。由于等斜面 $A_1A_2A_3$ 与 π 平面平行，所以角 β 为平面与主应力空间的夹角，也即 σ_j'轴与 σ_j 轴的夹角(图 3.14)。

$$\sigma_j'=\sigma_j\cos\beta \qquad j=1,\ 2,\ 3$$

其中

$$\cos\beta=\sqrt{\frac{2}{3}}$$

(2)在 π 平面上取 x、y 轴，如图 3.15 所示。

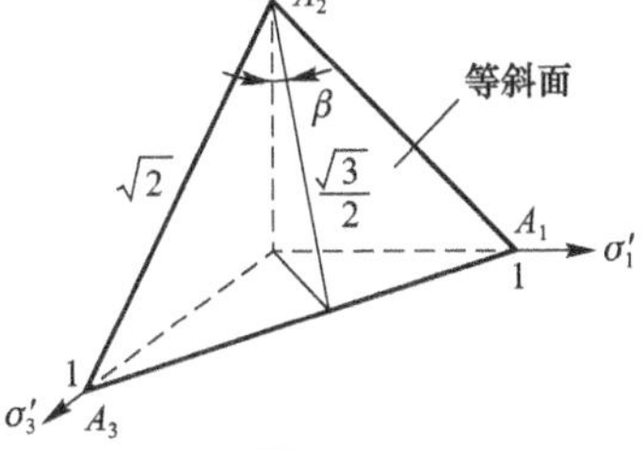

图 3.14

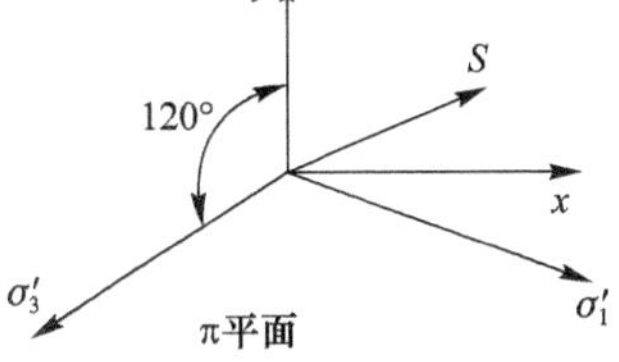

图 3.15

σ_1 轴在 x、y 轴上的投影：

$$\left(\frac{\sqrt{3}}{2}\sigma_1\cos\beta,\ -\frac{1}{2}\sigma_1\cos\beta\right)$$

σ_2 轴在 x、y 轴上的投影：

$$(0,\ \sigma_2\cos\beta)$$

σ_3 轴在 x、y 轴上的投影：

$$\left(-\frac{\sqrt{3}}{2}\sigma_3\cos\beta,\ -\frac{1}{2}\sigma_3\cos\beta\right)$$

则屈服曲线上任一点 S 的坐标：

$$x_S=\frac{1}{\sqrt{2}}(\sigma_1-\sigma_3)\qquad y_S=\frac{1}{\sqrt{6}}(2\sigma_2-\sigma_1-\sigma_3)$$

当采用极坐标表示时：

$$r_\sigma=\sqrt{x_S^2+y_S^2}=\sqrt{\frac{1}{2}(\sigma_1-\sigma_3)^2+\frac{1}{6}(2\sigma_2-\sigma_1-\sigma_3)^2}$$

$$=\sqrt{2J_2'}=\sqrt{2}\,\bar{\tau}=\sqrt{\frac{2}{3}}\,\bar{\sigma}$$

$$\theta_\sigma=\tan^{-1}(y_S/x_S)=\tan^{-1}\left(\frac{1}{\sqrt{3}}\cdot\frac{2\sigma_2-\sigma_1-\sigma_3}{\sigma_1-\sigma_3}\right)=\tan^{-1}\left(\frac{1}{\sqrt{3}}\mu_\sigma\right)\tag{3.27}$$

式(3.27)中

$$\mu_\sigma=\frac{2\sigma_2-\sigma_1-\sigma_3}{\sigma_1-\sigma_3}$$

称为 Lode 应力参数，它表示主应力之间的相对比值。如规定 $\sigma_1\geqslant\sigma_2\geqslant\sigma_3$，分析如下三种特殊情况的 Lode 应力参数。

单向拉伸　　$\mu_\sigma=-1$，$\theta_\sigma=-30^\circ$

纯剪切　　$\mu_\sigma=0$，$\theta_\sigma=0^\circ$

单向压缩　　$\mu_\sigma=1$，$\theta_\sigma=30^\circ$

3.5　两种常用的屈服条件

3.5.1　Tresca 屈服条件

基于试验观测，Tresca 假设材料在某处出现屈服是由于该点的最大剪应力达到某一极限值 k。若已知 $\sigma_1\geqslant\sigma_2\geqslant\sigma_3$，Tresca 屈服条件可以表示为

$$\tau_{\max}=\frac{\sigma_1-\sigma_3}{2}=k_1\tag{3.28}$$

这就是材料力学的第三强度理论。对称性拓展后，得到 π 平面上的一个正六边形(图 3.16)。

如不规定 $\sigma_1 \geqslant \sigma_2 \geqslant \sigma_3$，则 $\tau_{\max}=\dfrac{\sigma_1-\sigma_3}{2}=k_1$ 应写为

$$\left.\begin{aligned}\sigma_1-\sigma_2=\pm 2k_1\\ \sigma_2-\sigma_3=\pm 2k_1\\ \sigma_3-\sigma_1=\pm 2k_1\end{aligned}\right\} \tag{3.29}$$

在主应力空间中，它们构成一个母线平行于 L 直线的正六边形柱面(图 3.17)。

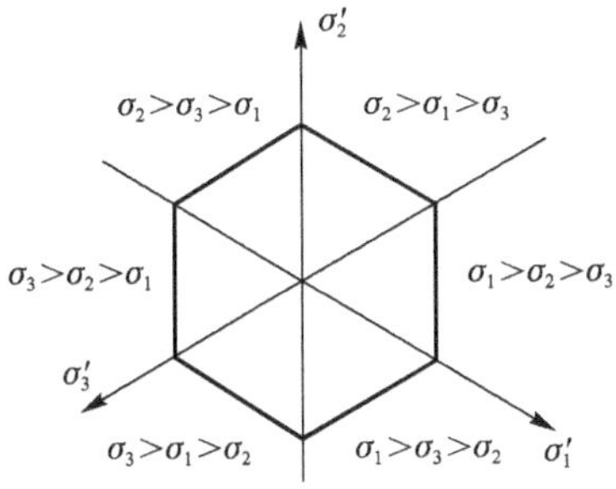

图 3.16

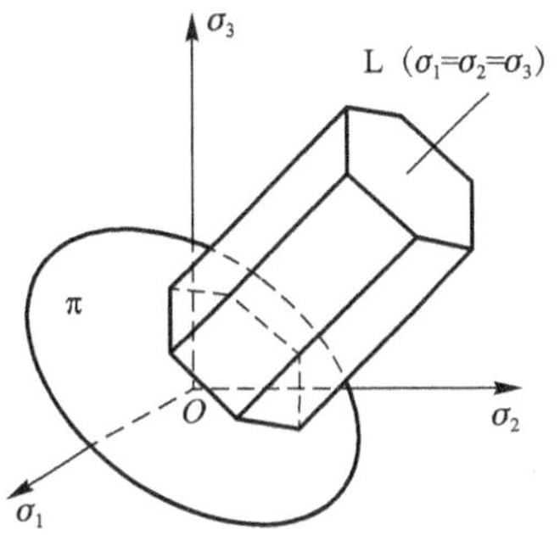

图 3.17

对于平面应力状态，当 $\sigma_3=0$ 时，式(3.29)变为

$$\left.\begin{aligned}\sigma_1-\sigma_2=\pm 2k_1\\ \sigma_2=\pm 2k_1\\ \sigma_1=\pm 2k_1\end{aligned}\right\}$$

即在(σ_1，σ_2)平面上，其屈服轨迹呈斜六边形(图 3.18)，这相当于正六边形柱面被 $\sigma_3=0$ 的平面斜截所得的曲线。

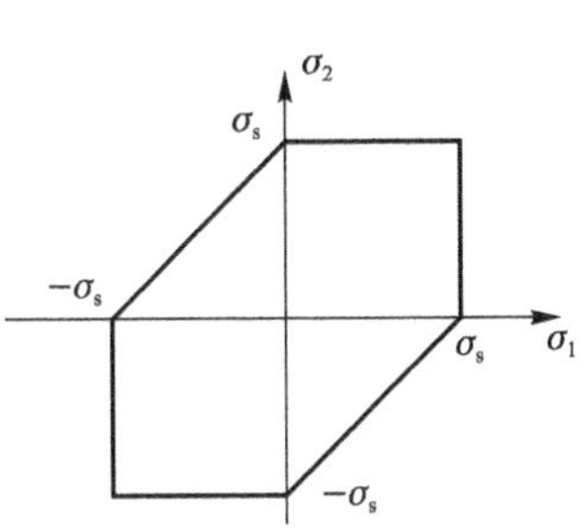

图 3.18

其中，常数 k_1 一般由试验确定。

(1)当单向拉伸时：

$$\sigma_1=\sigma_s \qquad \sigma_2=\sigma_3=0$$

由

$$\tau_{max}=\frac{\sigma_1-\sigma_3}{2}=k_1$$

可得

$$k_1=\frac{\sigma_s}{2}$$

(2)当纯剪切时：

$$\sigma_1=-\sigma_3=\tau_s \qquad \sigma_2=0$$

由

$$\tau_{max}=\frac{\sigma_1-\sigma_3}{2}=k_1$$

可得

$$k_1=\tau_s$$

比较这两者可知，采用 Tresca 屈服条件就意味着

$$\sigma_s=2\tau_s$$

Tresca 屈服条件的适用范围如下：

(1)在主应力方向和大小顺序都已知时，采用 Tresca 屈服条件求解问题是比较方便的，因为在一定范围内，应力分量之间满足线性关系。

(2)在主应力方向已知，但其大小顺序未知时，不失一般性，屈服条件可写为

$$[(\sigma_1-\sigma_2)^2-4k^2][(\sigma_2-\sigma_3)^2-4k^2][(\sigma_3-\sigma_1)^2-4k^2]=0$$

然后可用应力偏张量的不变量的形式写成

$$4(J_2')^3-27(J_3')^2-36k^2(J_2')^2+96k^4J_2'-64k^6=0$$

(3)主应力方向未知，很难用表达式描述。Tresca 屈服条件一般仅适用于主应力方向已知的情况。

Tresca 屈服条件的局限如下：

(1)主应力未知时表达式过于复杂；

(2)要考虑中间主应力的影响。

3.5.2 Mises 屈服条件

Mises 屈服条件假定屈服曲线的一般表达式 $f(J_2', J_3')=0$ 具有如下最简单形式：

$$f(J_2', J_3')=J_2'-K_2^2=0$$

$$J_2'=C \tag{3.30}$$

由屈服曲线上的点在 π 平面上的投影可知

$$r_\sigma=\sqrt{2J_2'}=\sqrt{2}k_2=\text{const.} \tag{3.31}$$

因此，在 π 平面上 Mises 屈服条件可用一个圆来表示，在主应力空间中是一个母线平行于 L 直线的圆柱面(图 3.19)。

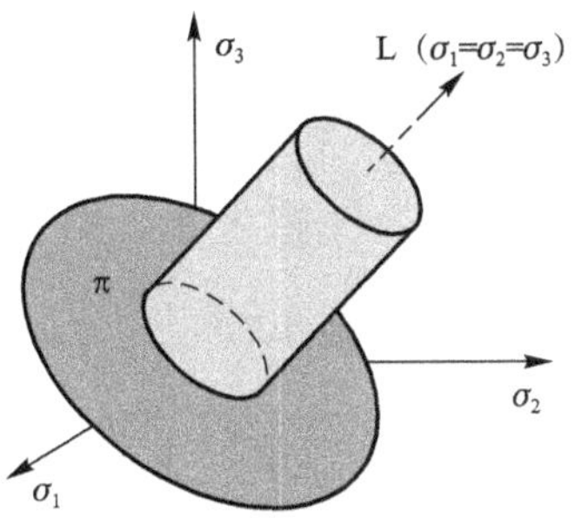

图 3.19

确定常数 k_2 以后，Mises 屈服条件可写成以下常用的形式：

$$(\sigma_1-\sigma_2)^2+(\sigma_2-\sigma_3)^2+(\sigma_3-\sigma_1)^2=2\sigma_s^2 \tag{3.32}$$

或

$$(\sigma_1-\sigma_2)^2+(\sigma_2-\sigma_3)^2+(\sigma_3-\sigma_1)^2=6\tau_s^2 \tag{3.33}$$

常数 k_2 一般由试验确定。

(1)在单向拉伸时：

$$\sigma_1=\sigma_s \qquad \sigma_2=\sigma_3=0$$

由

$$J_2'=\frac{1}{3}\sigma_s^2=k_2^2$$

得到

$$k_2=\frac{1}{\sqrt{3}}\sigma_s$$

(2)在纯剪切时：

$$\sigma_1=-\sigma_3=\tau_s \qquad \sigma_2=0$$

由

$$J_2'=\tau_s^2=k_2^2$$

得到

$$k_2=\tau_s$$

比较这两者可知，采用 Mises 条件应有

$$\sigma_s=\sqrt{3}\tau_s$$

对于平面应力状态，当 $\sigma_3=0$ 时，有

$$\sigma_1^2-\sigma_1\sigma_2+\sigma_2^2=\sigma_s^2$$

在(σ_1，σ_2)平面上，这是一个椭圆，为主应力空间中的 Mises 圆柱面被平面 $\sigma_3=0$ 斜截所得。

由于上式中右端的常数由单向拉伸试验确定，所以图 3.20 中 Mises 椭圆外接于 Tresca 斜六边形。

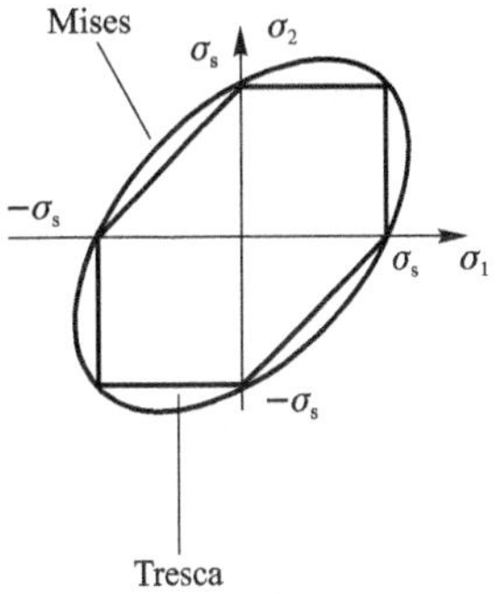

图 3.20

3.5.3 π平面上 Mises 圆同 Tresca 六边形的几何关系

(1)假定在单向拉伸时两种屈服条件相重合，则 Tresca 六边形内接于 Mises 圆(图 3.21)。

Mises：

$$k_2=\frac{1}{\sqrt{3}}\sigma_s \tag{3.34}$$

Tresca：

$$k_1=\frac{\sigma_s}{2} \tag{3.35}$$

由式(3.34)和式(3.35)可知

$$k_2=\frac{2}{\sqrt{3}}k_1$$

纯剪切时，Tresca 六边形同 Mises 圆之间的相对偏差最大，为

$$\frac{2}{\sqrt{3}}-1\approx15.5\%$$

(2)假定在纯剪切时两种屈服条件相重合，则 Tresca 六边形外切于 Mises 圆(图 3.22)。

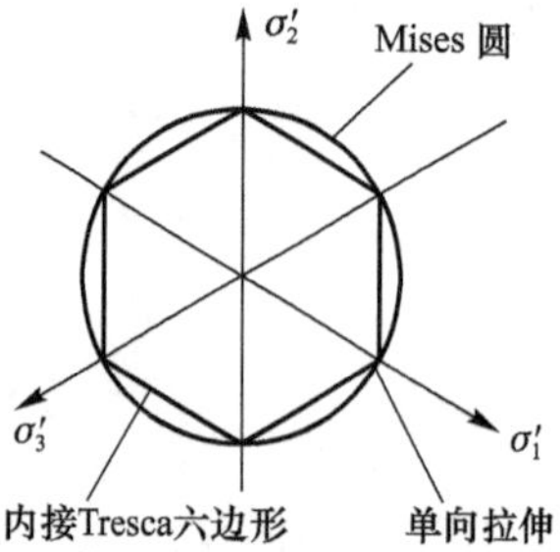

图 3.21

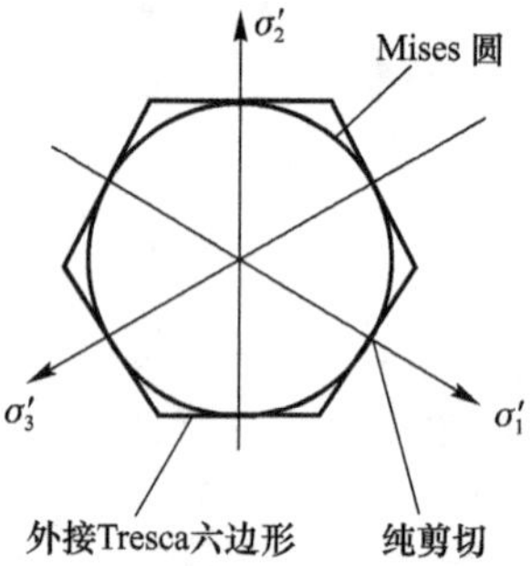

图 3.22

Mises：

$$k_2=\tau_s \tag{3.36}$$

Tresca：

$$k_1=\tau_s \tag{3.37}$$

由式(3.36)和式(3.37)可知

$$k_2=k_1$$

单向拉伸时，Tresca 六边形同 Mises 圆之间的相对偏差最大，为

$$\frac{2}{\sqrt{3}}-1\approx15.5\%$$

例 3.4 设 J_1、J_2 为应力张量第一、第二不变量，试用 J_1、J_2 表示 Mises 屈服条件。

解：

$$J_1=\sigma_1+\sigma_2+\sigma_3$$

$$J_2=-(\sigma_1\sigma_2+\sigma_2\sigma_3+\sigma_3\sigma_1)$$

Mises 屈服条件：

$$(\sigma_1-\sigma_2)^2+(\sigma_2-\sigma_3)^2+(\sigma_3-\sigma_1)^2=2\sigma_s^2$$

$$\begin{aligned}&(\sigma_1-\sigma_2)^2+(\sigma_2-\sigma_3)^2+(\sigma_3-\sigma_1)^2\\&=2(\sigma_1^2+\sigma_2^2+\sigma_3^2-\sigma_1\sigma_2-\sigma_2\sigma_3-\sigma_3\sigma_1)\\&=2[(\sigma_1+\sigma_2+\sigma_3)^2-3(\sigma_1\sigma_2+\sigma_2\sigma_3+\sigma_3\sigma_1)]\\&=2(J_1^2+3J_2)=2\sigma_s^2\end{aligned}$$

用 J_1、J_2 表示 Mises 屈服条件：

$$J_1^2+3J_2=\sigma_s^2$$

例 3.5　设 S_1、S_2、S_3 为应力偏量，试用应力偏量表示 Mises 屈服条件。

解： Mises 屈服条件：

$$(\sigma_1-\sigma_2)^2+(\sigma_2-\sigma_3)^2+(\sigma_3-\sigma_1)^2=2\sigma_s^2$$

$$\begin{aligned}&(\sigma_1-\sigma_2)^2+(\sigma_2-\sigma_3)^2+(\sigma_3-\sigma_1)^2\\&=(S_1-S_2)^2+(S_2-S_3)^2+(S_3-S_1)^2\\&=2(S_1^2+S_2^2+S_3^2-S_1S_2-S_2S_3-S_3S_1)\\&=2\left[\frac{3}{2}(S_1^2+S_2^2+S_3^2)-\frac{1}{2}(S_1+S_2+S_3)^2\right]\end{aligned}$$

由 $S_1+S_2+S_3=0$ 得

$$(\sigma_1-\sigma_2)^2+(\sigma_2-\sigma_3)^2+(\sigma_3-\sigma_1)^2=3(S_1^2+S_2^2+S_3^2)$$

$$\sqrt{\frac{3}{2}(S_1^2+S_2^2+S_3^2)}=\sigma_s$$

例 3.6　试判断图 3.23 中的主应力状态是弹性状态还是塑性状态。

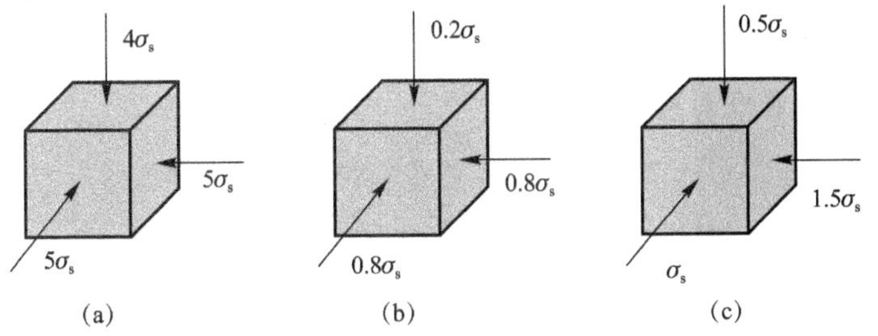

图 3.23

解： 利用 Mises 屈服准则判别：

$$(\sigma_1-\sigma_2)^2+(\sigma_2-\sigma_3)^2+(\sigma_3-\sigma_1)^2=2\sigma_s^2$$

对图(a)，将 $\sigma_1=-4\sigma_s$，$\sigma_2=\sigma_3=-5\sigma_s$ 代入得

$$(\sigma_1-\sigma_2)^2+(\sigma_2-\sigma_3)^2+(\sigma_3-\sigma_1)^2=2\sigma_s^2$$

满足 Mises 屈服条件，所以处于塑性状态。

对图(b)，将 $\sigma_1=-0.2\sigma_s$，$\sigma_2=\sigma_3=-0.8\sigma_s$ 代入得

$$(\sigma_1-\sigma_2)^2+(\sigma_2-\sigma_3)^2+(\sigma_3-\sigma_1)^2=2\sigma_s^2$$

满足 Mises 屈服条件，所以处于塑性状态。

对图(c)，将 $\sigma_1=-0.5\sigma_s$，$\sigma_2=-\sigma_s$，$\sigma_3=-1.5\sigma_s$ 代入得

$$(\sigma_1-\sigma_2)^2+(\sigma_2-\sigma_3)^2+(\sigma_3-\sigma_1)^2=2.25\sigma_s^2$$

不满足 Mises 屈服条件，所以处于弹性状态。

例 3.7 设某点的应力张量为 $\sigma_{ij}=\begin{bmatrix}30 & 10 & 10\\ 10 & 0 & 20\\ 10 & 20 & 0\end{bmatrix}$，材料的 $\sigma_s=25$ MPa。试根据 Tresca 屈服条件和 Mises 屈服条件判断材料处于弹性状态还是塑性状态。

解： 主应力 σ 由下式给出

$$\begin{vmatrix}30-\lambda & 10 & 10\\ 10 & -\lambda & 20\\ 10 & 20 & -\lambda\end{vmatrix}=\lambda^3-30\lambda^2-600\lambda+8\,000=0$$

$$(\lambda-40)(\lambda-10)(\lambda+20)=0$$

$$\lambda_1=\sigma_1=40 \quad \lambda_2=\sigma_2=10 \quad \lambda_3=\sigma_3=-20$$

(1)利用 Tresca 屈服准则判别：

$$\tau_{\max}=\frac{\sigma_1-\sigma_3}{2}=k_1 \qquad k_1=\frac{\sigma_s}{2}$$

$$\frac{\sigma_1-\sigma_3}{2}=30\ \text{MPa} \qquad \frac{\sigma_s}{2}=12.5\ \text{MPa}$$

$$\frac{\sigma_1-\sigma_3}{2}>\frac{\sigma_s}{2}$$

因此，材料处于塑性状态。

(2)利用 Mises 屈服准则判别：

$$(\sigma_1-\sigma_2)^2+(\sigma_2-\sigma_3)^2+(\sigma_3-\sigma_1)^2=2\sigma_s^2$$

$$(\sigma_1-\sigma_2)^2+(\sigma_2-\sigma_3)^2+(\sigma_3-\sigma_1)^2=5\,400$$

$$2\sigma_s^2=1\,250$$

$$(\sigma_1-\sigma_2)^2+(\sigma_2-\sigma_3)^2+(\sigma_3-\sigma_1)^2>2\sigma_s^2$$

因此，材料处于塑性状态。

例 3.8 如图 3.24 所示，一内半径为 a、外半径为 b 的球形壳，在其内表面上作用均匀的压力 q。试写出其屈服条件。

解： 由于壳体几何形状和受力都对称于球心，是球对称问题，所以壳体内剪应力分量必为零，否则就不是球对称了。各点只有正应力分量，并且有

$$\sigma_\theta=\sigma_\varphi>0 \quad \sigma_r<0$$

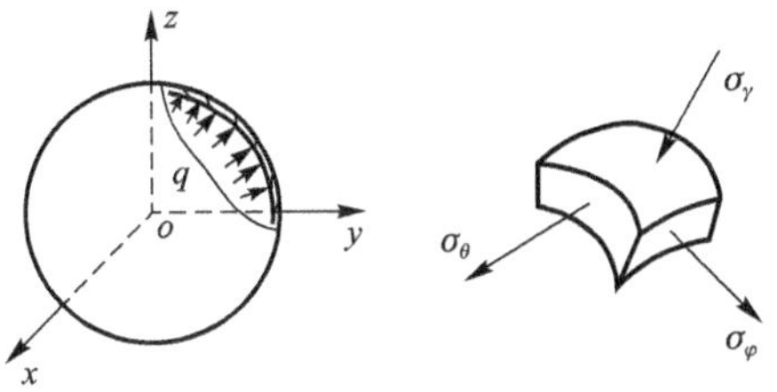

图 3.24

主应力排序为

$$\sigma_\theta=\sigma_\varphi>\sigma_r$$

代入 Tresca 屈服条件：

$$\tau_{\max}=\frac{1}{2}(\sigma_\theta-\sigma_r)=\frac{\sigma_s}{2}$$

$$\sigma_\theta-\sigma_r=\sigma_s$$

代入 Mises 屈服条件：

$$(\sigma_1-\sigma_2)^2+(\sigma_2-\sigma_3)^2+(\sigma_3-\sigma_1)^2=2\sigma_s^2$$

$$\sigma_\theta-\sigma_r=\sigma_s$$

发现它们有一样的屈服条件。

例 3.9　设某点的应力张量为 $\sigma_{ij}=\begin{bmatrix}40 & 10 & -5\\ 10 & 35 & 5\\ -5 & 5 & 27\end{bmatrix}$，材料的 $\sigma_s=25$ MPa。

①求出其主应力及最大切应力；②根据 Tresca 屈服条件和 Mises 屈服条件判断材料处于弹性状态还是塑性状态；③画出两种屈服条件在主应力空间的屈服曲面和 π 平面上的屈服曲线；④画出平面应力状态下的 Tresca 屈服准则及 Mises 屈服准则图形，并进行比较。

解：①根据 MATLAB 计算软件，可解得主应力的大小为

$$[\sigma_1\ \sigma_2\ \sigma_3]=[47.848\,2\quad 34.088\,1\quad 20.063\,7]$$

最大切应力为

$$[\tau_{12}\ \tau_{23}\ \tau_{13}]=[6.880\,1\quad 7.012\,2\quad 13.892\,2]$$

②根据 Tresca 屈服条件和 Mises 屈服条件判断材料状态，结果如下：

经 Tresca 屈服条件判断，材料处于塑性阶段；

经 Mises 屈服条件判断，材料处于弹性阶段。

③画出两种屈服条件在主应力空间的屈服曲面和 π 平面上的屈服曲线，图中‘*’表示任意点的应力状态，‘*’若在屈服曲线内则表示材料处于弹性阶段，‘*’若在屈服曲线外则表示材料处于塑性阶段(图 3.25)。

④画出平面应力状态下的 Tresca 屈服准则及 Mises 屈服准则图形，并进行比较，如图 3.26所示。

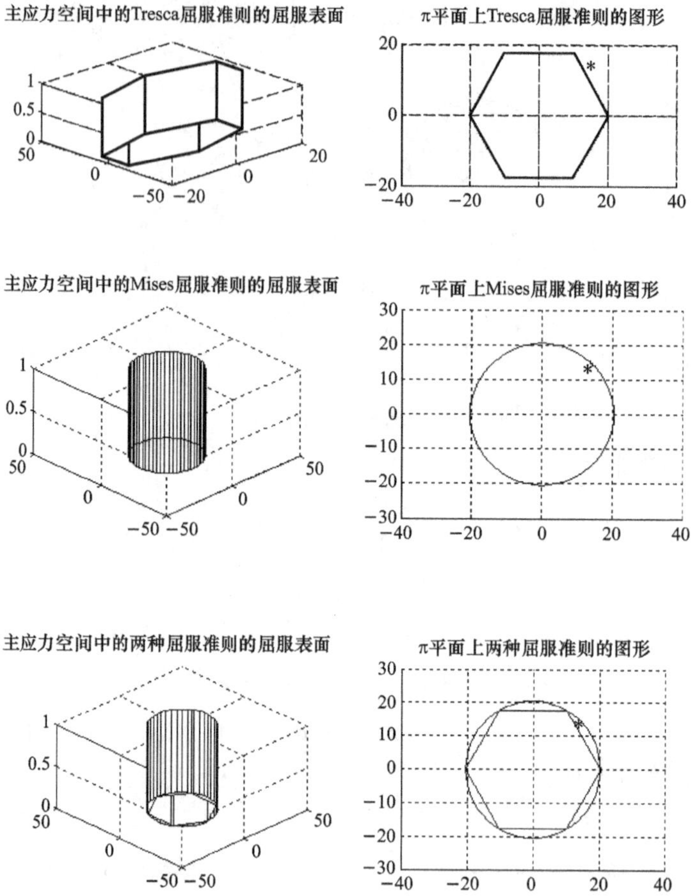
主应力空间中的Tresca屈服准则的屈服表面
π平面上Tresca屈服准则的图形
主应力空间中的Mises屈服准则的屈服表面
π平面上Mises屈服准则的图形
主应力空间中的两种屈服准则的屈服表面
π平面上两种屈服准则的图形

图 3.25

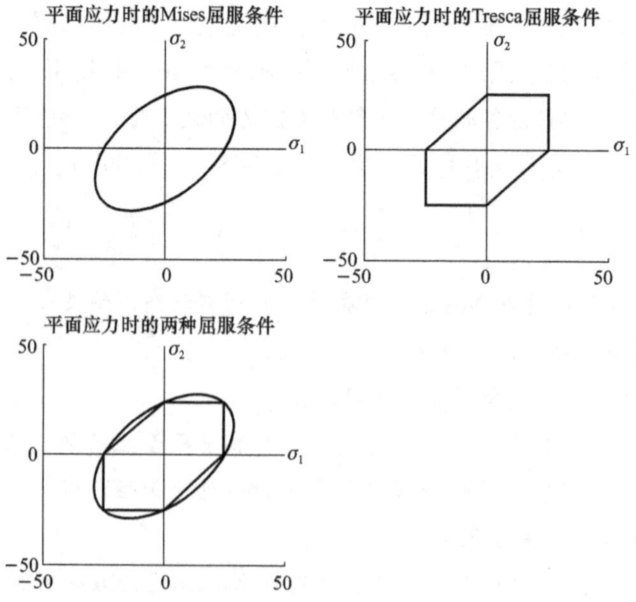
平面应力时的Mises屈服条件
平面应力时的Tresca屈服条件
平面应力时的两种屈服条件
σ_1
σ_2

图 3.26

例 3.10 如图 3.27 所示，一两端封闭的薄壁圆筒，半径为 r，壁厚为 t，受内压力 p 的作用，试求此圆筒内壁开始屈服及整个壁厚进入屈服阶段时的内压力 p(设材料单向拉伸时的屈服应力为 σ_s)。

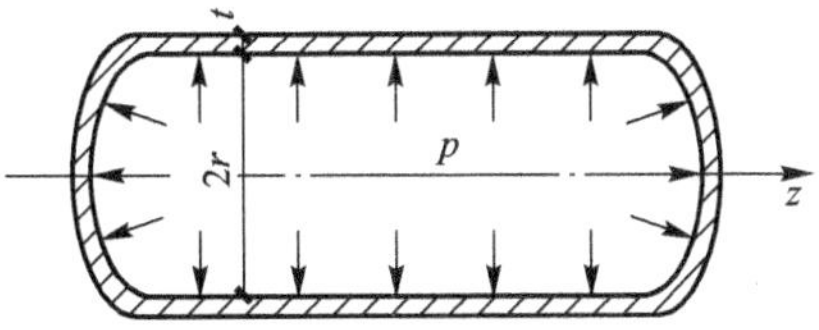

图 3.27

解：先求应力分量，在筒壁上选取一个单元体，采用圆柱坐标，单元体上的应力分量如图 3.28所示。

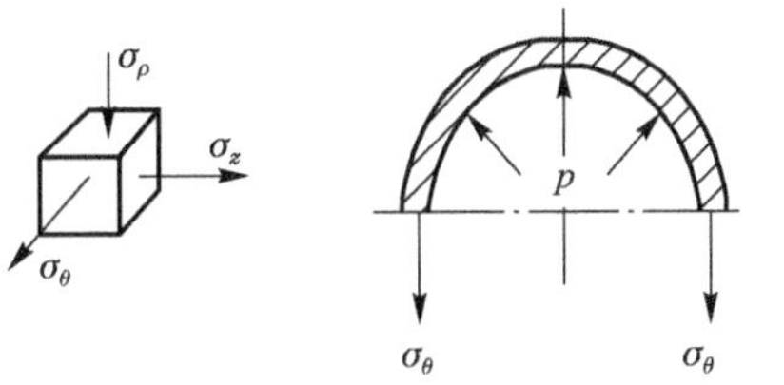

图 3.28

根据平衡条件可求得应力分量为：

$$\sigma_\theta=\frac{pr}{t}\quad \sigma_z=\frac{p\pi r^2}{2\pi rt}=\frac{pr}{2t}$$

σ_r 沿壁厚线性分布，在内表面 $\sigma_r=-p$，在外表面 $\sigma_r\approx 0$。

圆筒的内表面首先产生屈服，然后向外层扩展，当外表面产生屈服时，整个圆筒就开始产生塑性变形。

(1)在外表面：

$$\sigma_1=\sigma_\theta=\frac{pr}{t}\quad \sigma_2=\sigma_z=\frac{pr}{2t}\quad \sigma_3=\sigma_r\approx 0$$

由 Mises 屈服准则

$$(\sigma_1-\sigma_2)^2+(\sigma_2-\sigma_3)^2+(\sigma_3-\sigma_1)^2=2\sigma_s^2$$

可求得

$$p=\frac{2}{\sqrt{3}}\frac{t}{r}\sigma_s$$

由 Tresca 屈服准则

$$\tau_{max}=\frac{\sigma_1-\sigma_3}{2}=\frac{\sigma_s}{2}$$

可求得

$$p=\frac{t}{r}\sigma_s$$

(2)在内表面：

$$\sigma_1=\sigma_\theta=\frac{pr}{t}\quad \sigma_2=\sigma_z=\frac{pr}{2t}\quad \sigma_3=\sigma_r=-p$$

由 Mises 屈服准则

$$(\sigma_1-\sigma_2)^2+(\sigma_2-\sigma_3)^2+(\sigma_3-\sigma_1)^2=2\sigma_s^2$$

可求得

$$p=\frac{2t}{\sqrt{3r^2+6rt+4t^2}}\sigma_s$$

由 Tresca 屈服准则

$$\tau_{\max}=\frac{\sigma_1-\sigma_3}{2}=\frac{\sigma_s}{2}$$

可求得

$$p=\frac{t}{r+t}\sigma_s$$

3.6 屈服条件的试验验证

试验一　薄圆管受拉力 T 和内压 p 的作用

如图 3.29 所示，设圆管的平均半径为 R，壁厚为 h，$h\ll R$，在拉力 T 和内压 p 的作用下，圆管近似地处于均匀应力状态。在柱坐标中其应力分量为

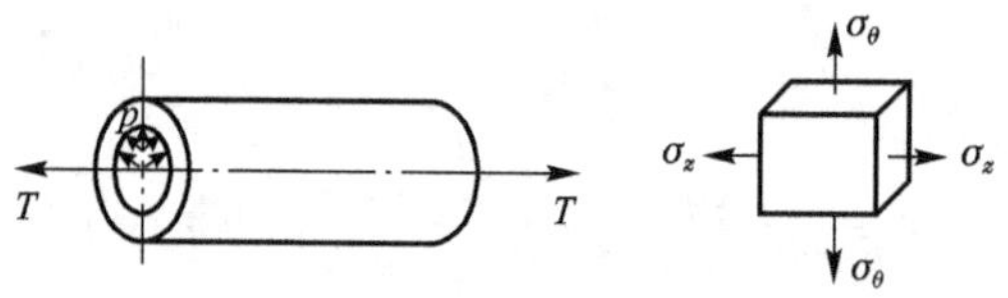

图 3.29

$$\sigma_\theta=p\frac{R}{h}\quad \sigma_z=\frac{T}{2\pi Rh}\quad \sigma_r\approx 0 \tag{3.38}$$

如果 $\sigma_\theta\geqslant\sigma_z\geqslant\sigma_r$，则可取

$$\sigma_1=\sigma_\theta\qquad \sigma_2=\sigma_z\qquad \sigma_3=\sigma_r=0$$

由此求得 Lode 应力参数为

$$\mu_\sigma=\frac{2\sigma_2-\sigma_1-\sigma_3}{\sigma_1-\sigma_3}=\frac{T}{\pi R^2 p}-1 \tag{3.39}$$

单向拉伸　　　当 $T=0$ 时　　$\mu_\sigma=-1$　　$(\theta_\sigma=-30^\circ)$

纯剪切　　　　当 $T=\pi R^2 p$ 时　　$\mu_\sigma=0$　　$(\theta_\sigma=0)$

此时：　　　　$\sigma_\theta=\dfrac{pR}{h}$　$\sigma_z=\dfrac{pR}{2h}=\dfrac{\sigma_\theta}{2}$　$\sigma_r=0$

$$\sigma_\theta=\frac{pR}{2h}\quad \sigma_z=0\quad \sigma_r=-\frac{pR}{2h}$$

减去静水应力$\dfrac{pR}{2h}$后：

当 $T=2\pi R^2 p$ 时　　　　　$\mu_\sigma=1(\theta_\sigma=30^\circ)$

在 $0\leqslant T\leqslant \pi R^2 p$ 的范围内，改变拉力 T 和内压 p 的比值，就可以得到 $-1\leqslant\mu_\sigma\leqslant 1$ $(-30^\circ\leqslant\theta_\sigma\leqslant 30^\circ)$范围内的任意应力状态。

为了比较上节中所介绍的各种屈服条件，Lode(1925)曾对铁、铜等材料进行了上述的拉伸-内压试验。

设 $\sigma_1>\sigma_2>\sigma_3$，

$$\sigma_1-\sigma_2=\frac{1-\mu_\sigma}{2}(\sigma_1-\sigma_3)$$

$$\sigma_2-\sigma_3=\frac{1+\mu_\sigma}{2}(\sigma_1-\sigma_3)$$

$$\mu_\sigma=\frac{2\sigma_2-\sigma_1-\sigma_3}{\sigma_1-\sigma_3}$$

代入 Mises 屈服条件

$$(\sigma_1-\sigma_2)^2+(\sigma_2-\sigma_3)^2+(\sigma_3-\sigma_1)^2=2\sigma_s^2$$

得到

$$\frac{\sigma_1-\sigma_3}{\sigma_s}=\frac{2}{\sqrt{3+\mu_\sigma^2}}$$

$$\frac{\sigma_1-\sigma_3}{\sigma_s}=1 \qquad (3.40)$$

对于 Tresca 屈服条件，Lode 用铁、铜、镍等金属薄管做出的试验结果同 Mises 屈服条件曲线比较接近(图 3.30)。可见，Mises 屈服条件更适合于金属材料。

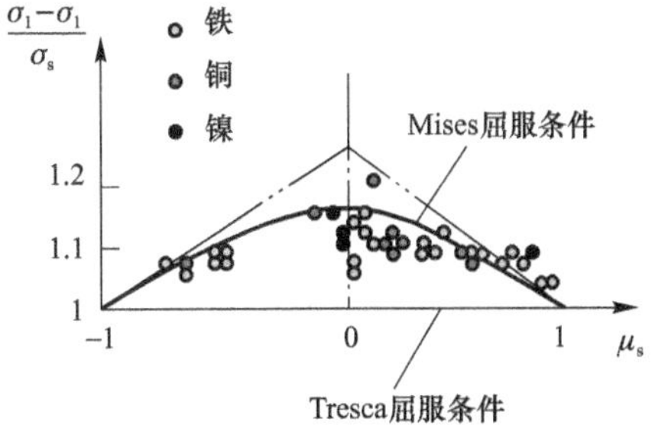

图 3.30

试验二　薄圆管受拉力 T 和扭矩 M 的作用

如图 3.31 所示，薄圆管受拉力 T 和扭矩 M 的作用。

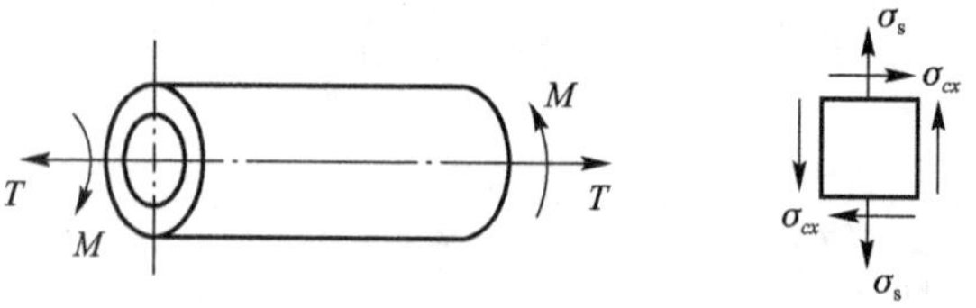

图 3.31

应力分量为

$$\sigma_z=\frac{T}{2\pi Rh}\quad \sigma_{\theta z}=\frac{M}{2\pi R^2\, h} \tag{3.41}$$

相应的主应力

$$\begin{aligned}
\sigma_1&=\frac{\sigma_z}{2}+\frac{1}{2}\sqrt{\sigma_z^2+4\sigma_{\theta z}^2}\geqslant 0\\
\sigma_2&=\sigma_r\approx 0\\
\sigma_3&=\frac{\sigma_z}{2}-\frac{1}{2}\sqrt{\sigma_z^2+4\sigma_{\theta z}^2}\leqslant 0
\end{aligned} \tag{3.42}$$

因而 Lode 应力参数

$$\mu_\sigma=\frac{2\sigma_2-\sigma_1-\sigma_3}{\sigma_1-\sigma_3}=-\frac{T}{\sqrt{T^2+4\,M^2/R^2}} \tag{3.43}$$

当 $M=0$、$T>0$ 时，

$\mu_\sigma=-1$　　$(\theta_\sigma=-30°)$　　——对应于单向拉伸的情形。

当 $T=0$、$M\neq 0$ 时，

$\mu_\sigma=0$　　$(\theta_\sigma=0)$　　——对应于纯剪切的情形。

只要 $p\geqslant 0$，改变 T 与 M 的比值，便可得到 $-1\leqslant\mu_\sigma\leqslant 0$ 的任意应力状态。

为了检验屈服条件，Taylor、Quinney(1931)对软钢、铜、铝等进行了上述的拉-扭试验。

对于 Tresca 屈服条件

$$\tau_{\max}=\frac{\sigma_1-\sigma_3}{2}=\frac{1}{2}\sqrt{\sigma_z^2+4\sigma_{\theta z}^2}=\frac{\sigma_s}{2}$$

改写成

$$\left(\frac{\sigma_z}{\sigma_s}\right)^2+4\left(\frac{\sigma_{\theta z}}{\sigma_s}\right)^2=1 \tag{3.44}$$

对于 Mises 屈服条件

$$J_2'=\frac{1}{6}(2\sigma_z^2+6\sigma_{\theta z}^2)=\frac{1}{3}\sigma_s^2$$

改写成

$$\left(\frac{\sigma_z}{\sigma_s}\right)^2+3\left(\frac{\sigma_{\theta z}}{\sigma_s}\right)^2=1 \tag{3.45}$$

图 3.32 中三种材料都是椭圆，但长短轴的比值不同。Taylor 和 Quinney 用软钢、铜、铝薄管进行了试验，结果也与 Mises 屈服条件比较接近。

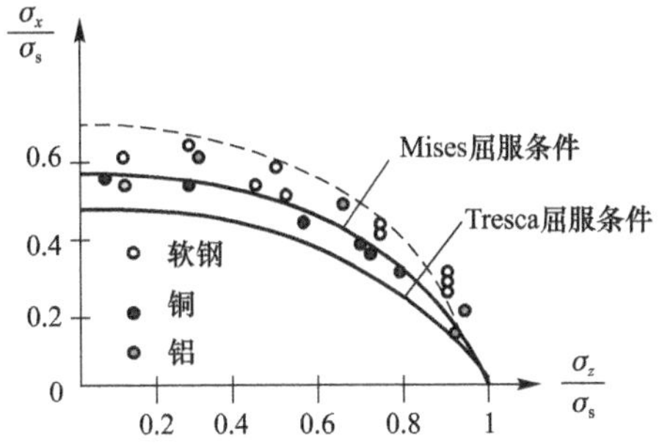

图 3.32

Tresca 屈服条件与 Mises 屈服条件的适用范围如下。

(1)试验表明，多数金属材料的屈服性态接近 Mises 屈服条件。

(2)在应用上，主应力方向已知时用 Tresca 条件较方便；主应力方向未知时用 Mises 条件较方便。无论何种情形，两者的相对偏差都不会超过 15.5%。

(3)在实际问题中，并不限制使用何种屈服条件，两者都可用。

3.7　加载条件

(1)理想塑性材料：(初始)屈服曲面是固定不变的，是材料未经受任何塑性变形时的弹性响应的界限。应力状态不能落在屈服曲面之外。

(2)强化材料：后继弹性范围的边界，称为后继屈服条件，也称为加载条件。在应力空间中对应的几何物，称为后继屈服曲面，或加载曲面。

后继屈服条件与材料塑性变形的历史有关。

以参数 $\xi_\beta(\beta=1,2,\cdots,n)$来描述材料的塑性加载历史，则后继屈服条件可表示为

$$f(\sigma_{ij},\ \xi_\beta)=0 \tag{3.46}$$

实际材料的加载曲面的演化规律非常复杂，在应用中使用简化模型。

3.7.1　等向强化(各向同性强化)模型

等向强化(各向同性强化)模型认为后继屈服曲面(加载曲面)就是屈服曲面在应力空间的相似扩大(图 3.33)。

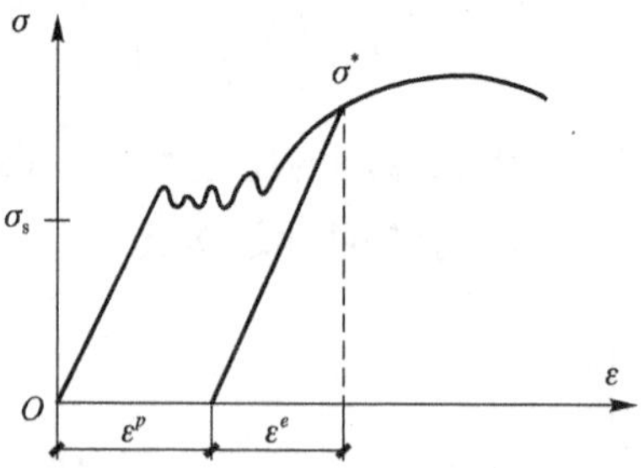

图 3.33

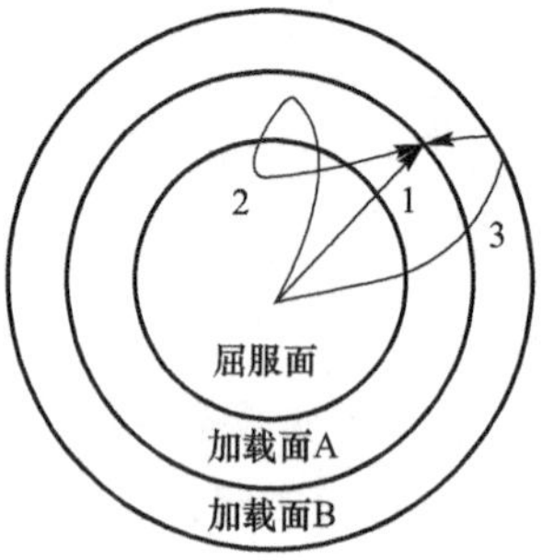

图 3.34

等向强化模型的表达式可写成

$$f(\sigma_{ij})-K(\xi)=0 \tag{3.47}$$

其中 f 是初始屈服函数，$K(\xi)$是 ξ 的单调递增函数。在加载过程中 $K(\xi)$逐渐增大。从几何上看，后继屈服曲面(加载曲面)与初始屈服曲面形状相似，中心位置也不变。

后继屈服曲面对加载历史的依赖性只表现在：后继屈服曲面仅由加载路径中所曾达到的最大应力点所决定。Mises 初始屈服面及后继屈服面如图 3.34 所示。

3.7.2 随动强化模型

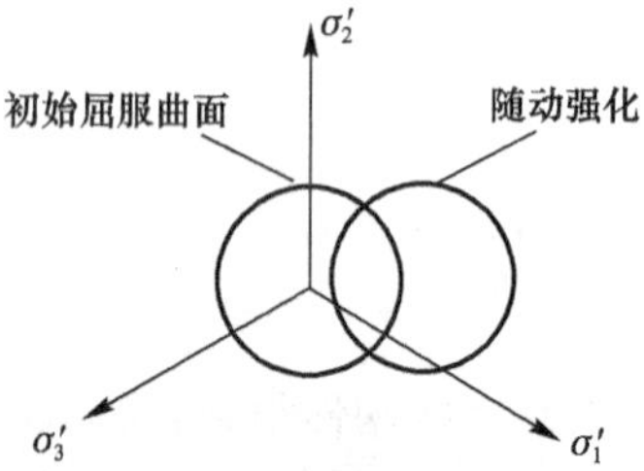

图 3.35

等向强化模型未考虑包氏效应，在分析应力反复变化的问题时，往往误差较大。

随动强化模型认为：后继屈服曲面就是初始屈服曲面随着塑性变形的过程在应力空间刚性移动，而其大小和形状都没有改变(图 3.35)。

随动强化模型的表达式可写成

$$f(\sigma_{ij}-\hat{\sigma}_{ij})=0 \tag{3.48}$$

3.7.3 组合强化模型

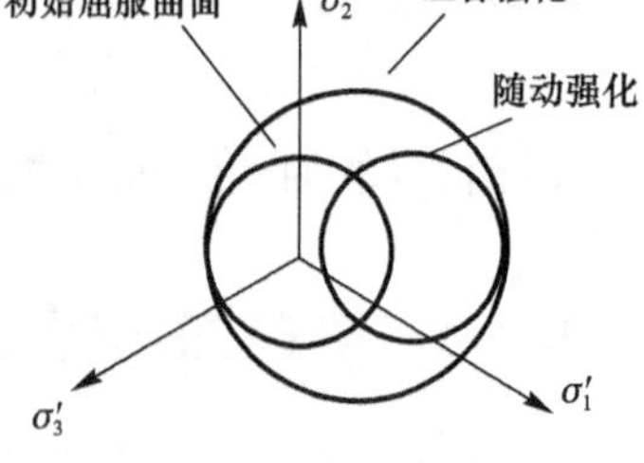

图 3.36

将等向强化模型同随动强化模型结合起来，就构成更一般的组合强化模型。

组合强化模型的表达式可写成

$$f(\sigma_{ij}-\hat{\sigma}_{ij})-K(\xi)=0 \tag{3.49}$$

具体到 π 平面上考察 Mises 屈服圆，那么在加载过程中后继屈服曲线始终是一个圆，但其半径和圆心位置都不断发生变化(图 3.36)。

3.8　塑性本构关系

3.8.1　广义胡克定律及弹性应变能

(1)直角坐标系。

$$\left.\begin{aligned}\varepsilon_x&=\frac{1}{E}[\sigma_x-\mu(\sigma_y+\sigma_z)] \quad \gamma_{yz}=\frac{\tau_{yz}}{G}\\ \varepsilon_y&=\frac{1}{E}[\sigma_y-\mu(\sigma_z+\sigma_x)] \quad \gamma_{zx}=\frac{\tau_{zx}}{G}\\ \varepsilon_z&=\frac{1}{E}[\sigma_z-\mu(\sigma_x+\sigma_y)] \quad \gamma_{xy}=\frac{\tau_{xy}}{G}\end{aligned}\right\} \tag{3.50}$$

其中

$$G=\frac{E}{2(1+\mu)}$$

张量写法：

$$\varepsilon_{ij}=\frac{\sigma_{ij}}{2G}-\frac{3\mu}{E}\sigma_{\mathrm{m}}\delta_{ij} \tag{3.51}$$

其中，$\sigma_{\mathrm{m}}=\frac{1}{3}\sigma_{kk}$，为平均正应力。

将三个正应变相加，得

$$\varepsilon_{kk}=\frac{\sigma_{kk}}{2G}-\frac{3\mu}{E}\sigma_{\mathrm{m}}\delta_{kk}=\frac{1-2\mu}{E}\sigma_{kk}$$

平均正应变：

$$\varepsilon_{kk}=\frac{1}{3}\varepsilon_{kk}$$

体积弹性模量：

$$K=\frac{E}{3(1-2\mu)} \tag{3.52}$$

则平均正应力与平均正应变的关系：

$$\sigma_{\mathrm{m}}=3K\varepsilon_{\mathrm{m}}$$

(2)可用应力偏量。

用 S_{ij} 表示应变偏量 e_{ij}：

$$S_{ij}=2Ge_{ij}$$

$$e_{ij}=\frac{1}{2G}S_{ij}$$

$$\sqrt{I_2'}=\sqrt{\frac{1}{2}e_{ij}e_{ij}}=\frac{1}{2G}\sqrt{\frac{1}{2}S_{ij}S_{ij}}=\frac{1}{2G}\sqrt{J_2'} \tag{3.53}$$

(3)等效应力和等效应变的关系。

$$\bar{\sigma}=3G\bar{\varepsilon} \qquad 或 \qquad \bar{\tau}=G\bar{\gamma}$$

可得

$$S_{ij}=\frac{2\bar{\sigma}}{3\bar{\varepsilon}}e_{ij} \tag{3.54}$$

当应力从加载面(后继屈服面)卸载时，应力和应变的全量不满足广义胡克定律，但它们的增量仍满足广义胡克定律。

$$\left.\begin{aligned} dS_{ij}&=2Gde_{ij} \\ d\sigma_m&=3Kd\varepsilon_m \end{aligned}\right\} \tag{3.55}$$

(4)弹性应变能。Mises 屈服条件的物理解释中将弹性应变能分解为体积应变能和形状改变比能。这里，由弹性本构关系将三者表示为

$$\begin{aligned} W^e&=\frac{1}{2}\sigma_{ij}\varepsilon_{ij}=\frac{1}{2}(S_{ij}+\sigma_m\delta_{ij})(e_{ij}+\varepsilon_m\delta_{ij}) \\ &=\frac{3}{2}\sigma_m\varepsilon_m+\frac{1}{2}S_{ij}e_{ij} \\ &=W_V^e+W_\varphi^e \end{aligned}$$

由于 $e_{ij}=\frac{1}{2G}S_{ij}$，所以 W_φ^e 可表示为

$$W_\varphi^e=\frac{1}{2G}J_2'=\frac{1}{2}\bar{\tau}\bar{\gamma}=\frac{1}{2}G\bar{\gamma}^2=\frac{1}{2}\bar{\sigma}\bar{\varepsilon}=\frac{1}{6G}\bar{\sigma}^2 \tag{3.56}$$

3.8.2 两类力学量和 Drucker 公设

1. 两类力学量

(1)外变量：能直接从外部观测的量，如总应变、应力等。

(2)内变量：不能直接从外部观测的量，如塑性应变、塑性功。内变量只能根据一定的假设计算出来。

关于塑性应变和塑性功的假设。

(1)材料的塑性行为与时间、温度无关。

(2)应变可分解为弹性应变和塑性应变，$\varepsilon_{ij}=\varepsilon_{ij}^e+\varepsilon_{ij}^p$。

(3)材料的弹性变形规律不因塑性变形而改变。即弹性应变 ε_{ij}^e 由 σ_{ij} 唯一确定，与塑性应变 ε_{ij}^p 无关。

根据以上假设，内变量 ε_{ij}^p 可以由外变量 ε_{ij}、σ_{ij} 表示出来。

对于各向同性材料：

$$\varepsilon_{ij}^{p}=\varepsilon_{ij}-\varepsilon_{ij}^{e}=\varepsilon_{ij}-\left(\frac{1}{2G}\sigma_{ij}-\frac{3\mu}{E}\sigma_{\mathrm{m}}\delta_{ij}\right) \tag{3.57}$$

将总功分解为弹性功和塑性功。

$$\begin{aligned} W &= \int\sigma_{ij}\,\mathrm{d}\varepsilon_{ij} = \int\sigma_{ij}\,\mathrm{d}\varepsilon_{ij}^{e} + \int\sigma_{ij}\,\mathrm{d}\varepsilon_{ij}^{p} \\ &= \frac{1}{2}\sigma_{ij}\varepsilon_{ij}^{e} + \int\sigma_{ij}\,\mathrm{d}\varepsilon_{ij}^{p} \\ &= W^{e} + W^{p} \end{aligned}$$

这样，内变量 W^p 也可以由 W、σ_{ij} 表示出来。

对于各向同性材料：

$$W^{p}=W-W^{e}=W-\frac{1}{2}\sigma_{ij}\varepsilon_{ij}^{p}=W-\frac{1}{4G}\sigma_{ij}\sigma_{ij}+\frac{9\mu}{2E}\sigma_{\mathrm{m}}^{2} \tag{3.58}$$

2. Drucker 公设

对于在某一状态下的材料质点(或试件)，借助一个外部作用，在其原有的应力状态之上，缓慢地施加并卸除一组附加应力，在这组附加应力施加和卸除的循环内，外部作用所做的功是非负的。

应力循环过程如图 3.37 所示。

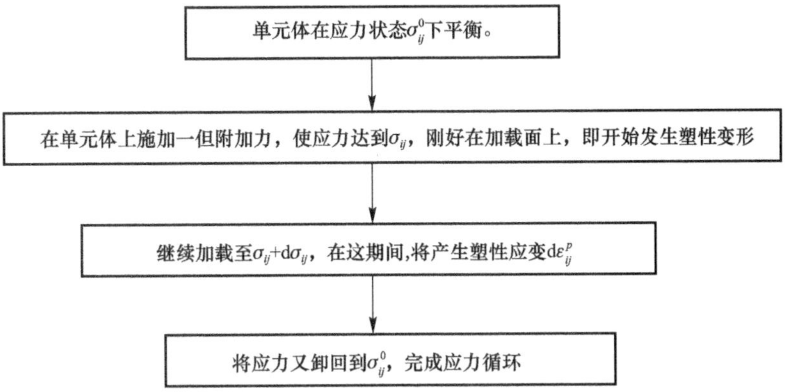

以 σ_{ij}^{+} 表示应力循环过程中任一时刻的瞬时应力状态。

按 Drucker 公设，附加应力 $\sigma_{ij}^{+}-\sigma_{ij}^{0}$ 在应力循环中所做的功非负。

$$W_D=\oint_{\sigma_{ij}^{0}}(\sigma_{ij}^{+}-\sigma_{ij}^{0})\,\mathrm{d}\varepsilon_{ij}\geqslant 0$$

在应力循环中，应力在弹性应变上的功为 0，即

$$W_D=\oint_{\sigma_{ij}^{0}}(\sigma_{ij}^{+}-\sigma_{ij}^{0})\,\mathrm{d}\varepsilon_{ij}^{e}=0$$

$$W_D=\oint_{\sigma_{ij}^{0}}(\sigma_{ij}^{+}-\sigma_{ij}^{0})\,\mathrm{d}\varepsilon_{ij}^{p}\geqslant 0 \tag{3.59}$$

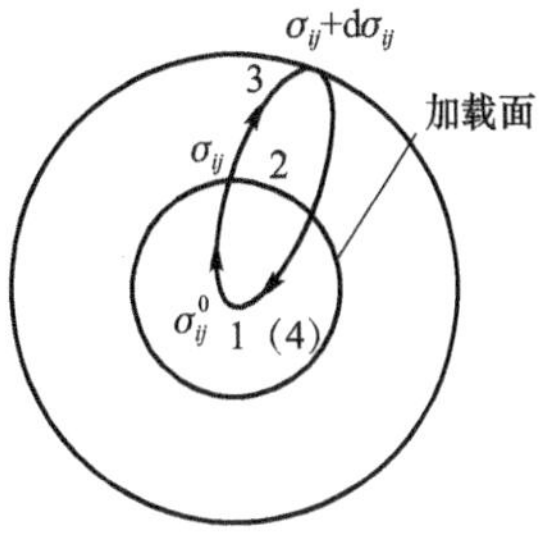

图 3.37

在整个应力循环中，只在应力从 σ_{ij} 到 $\sigma_{ij}+d\sigma_{ij}$ 的过程中产生塑性应变。

当 $d\sigma_{ij}$ 为小量时，上述积分

$$W_D=\oint_{\sigma_{ij}^0}(\sigma_{ij}^{+}-\sigma_{ij}^0)d\varepsilon_{ij}^p\geqslant 0$$

变为

$$W_D=(\sigma_{ij}+\frac{1}{2}d\sigma_{ij}-\sigma_{ij}^0)d\varepsilon_{ij}^p\geqslant 0 \tag{3.60}$$

即图 3.38 所示的阴影部分面积。

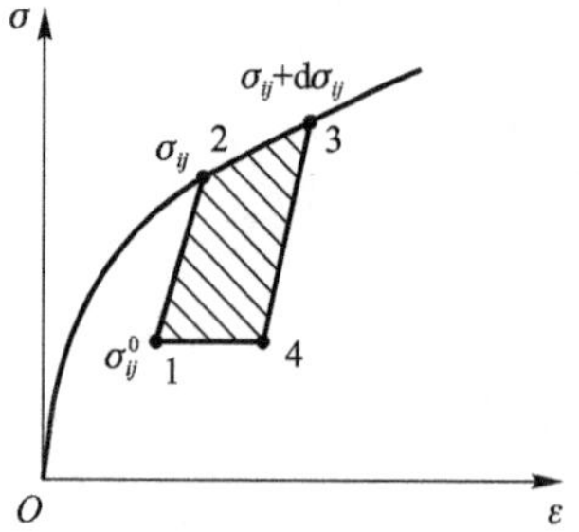

图 3.38

两个重要的不等式：

(1)当 σ_{ij}^0 处于加载面内部，即 $\sigma_{ij}\neq\sigma_{ij}^0$ 时，由于 $d\sigma_{ij}$ 是高阶小量，则

$$(\sigma_{ij}-\sigma_{ij}^0)d\varepsilon_{ij}^p\geqslant 0 \tag{3.61}$$

(2)当 σ_{ij}^0 处于加载面上，即 $\sigma_{ij}=\sigma_{ij}^0$ 时，则

$$d\sigma_{ij}\,d\varepsilon_{ij}^p\geqslant 0$$

由此可对屈服面形状与塑性应变增量的特性导出两个重要的结论。

(1)屈服曲面的外凸性。σ_{ij}^0 用矢量$\overrightarrow{OA}^0$表示，σ_{ij} 用矢量$\overrightarrow{OA}^0$表示，$d\sigma_{ij}$ 用矢量 $d\sigma$ 表示，$d\varepsilon_{ij}^p$ 用矢量$\overrightarrow{OA}^0$表示。

$$\overrightarrow{A^0A}d\varepsilon^p\geqslant 0\qquad(\sigma_{ij}-\sigma_{ij}^0)d\varepsilon_{ij}^p\geqslant 0 \tag{3.62}$$

可见，应力增量向量$\overrightarrow{OA}^0$与塑性应变增量向量 $d\varepsilon^p$ 之间的夹角必须小于 90°。即屈服曲面必须是凸的(图 3.39、图 3.40)。

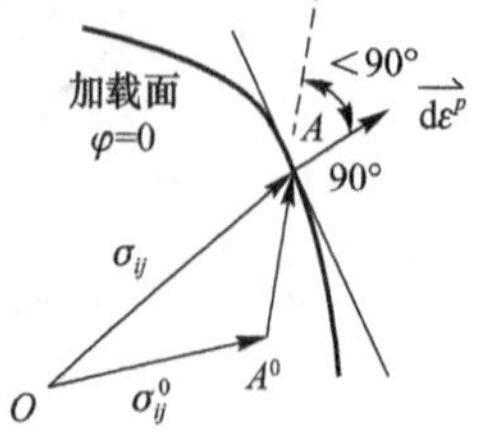

图 3.39

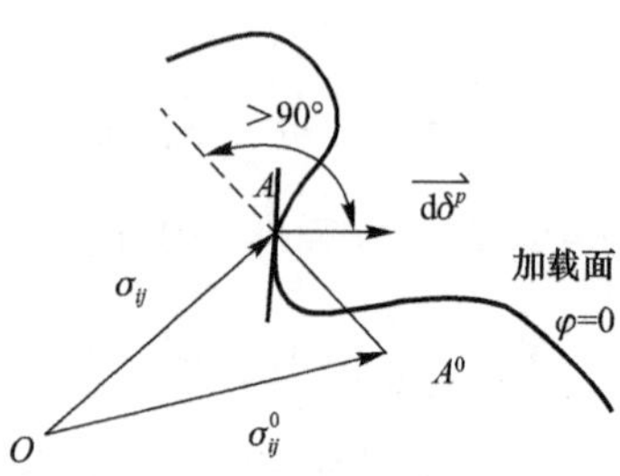

图 3.40

(2)塑性应变增量向量与加载面的外法线方向一致——正交性法则。**n** 为加载面在 A 点的法向矢量，如图 3.41 所示。

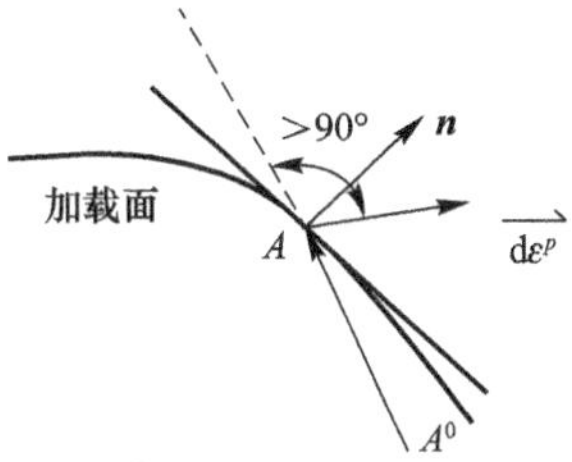

图 3.41

如果 $d\varepsilon^p$ 与 **n** 不重合，则总可以找到 A^0，使式$\overrightarrow{A^0A}$不成立。即应力增量向量$\overrightarrow{A^0A}d\varepsilon^p\geqslant 0$ 与塑性应变增量向量 $d\varepsilon^p$ 之间的夹角必须大于 90°。因此，$d\varepsilon^p$ 必须与加载面 $\varphi=0$ 的 **n** 重合。

$d\varepsilon_{ij}^p$可表示为

$$d\varepsilon_{ij}^p = d\lambda \frac{\partial\varphi}{\partial\sigma_{ij}} \tag{3.63}$$

其中 $d\lambda\geqslant 0$ 为一比例系数。

3.8.3 加载、卸载准则

Drucker 稳定性条件：

$$d\sigma_{ij}\, d\varepsilon_{ij}^p \geqslant 0 \tag{3.64}$$

由于 $d\varepsilon^p$ 与 **n** 同向，上式改写成

$$\overrightarrow{d\sigma}\cdot\vec{n}\geqslant 0 \tag{3.65}$$

只有当应力增量指向加载面外部时，材料才能产生塑性变形。

因此，判断能否产生新的塑性变形，需判断：

(1)$d\sigma_{ij}$是否在 $\varphi=0$ 上；

(2)$d\sigma_{ij}$是否指向 $\varphi=0$ 的外部。

加载：材料产生新的塑性变形的应力改变。

卸载：材料产生从塑性状态回到弹性状态的应力改变。

1. 理想材料的加载、卸载准则

理想材料的加载面与初始屈服面是一样的。

在应力空间中，上述加载准则可用矢量乘积表示为

$$\begin{cases} f=0 \quad \overrightarrow{d\sigma}\cdot\vec{n}=0 \quad 加载 \\ f=0 \quad \overrightarrow{d\sigma}\cdot\vec{n}<0 \quad 卸载 \end{cases} \tag{3.66}$$

如图 3.42 所示。

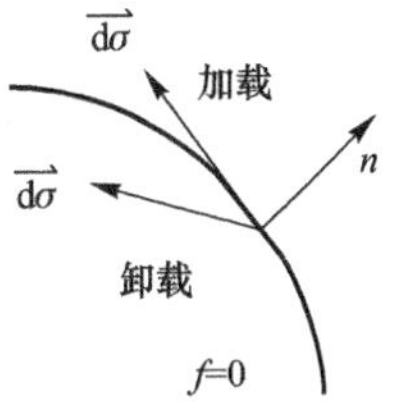

图 3.42

用 $f(\sigma_{ij})=0$ 表示屈服面，则可以把加卸载准则用数学形式表示如下：

$$\text{弹性状态}\quad f(\sigma_{ij})<0$$

$$\left.\begin{aligned}&f(\sigma_{ij})=0\\&\mathrm{d}f=\frac{\partial f}{\partial\sigma_{ij}}\mathrm{d}\sigma_{ij}=0\end{aligned}\right\}\text{加载}$$

$$\left.\begin{aligned}&f(\sigma_{ij})=0\\&\mathrm{d}f=\frac{\partial f}{\partial\sigma_{ij}}\mathrm{d}\sigma_{ij}<0\end{aligned}\right\}\text{卸载}$$

由于屈服面不能扩大，所以当应力点达到屈服面上时，应力增量 $\mathrm{d}\sigma$ 不能指向屈服面外，而只能沿屈服面切线方向。

对于 Tresca 屈服面：

$$\begin{cases}\mathrm{d}f_l=0\ \text{或}\ \mathrm{d}f_{\mathrm{m}}=0 & \text{加载}\\ \mathrm{d}f_l<0\ \text{且}\ \mathrm{d}f_{\mathrm{m}}<0 & \text{卸载}\end{cases}$$

如图 3.43 所示。

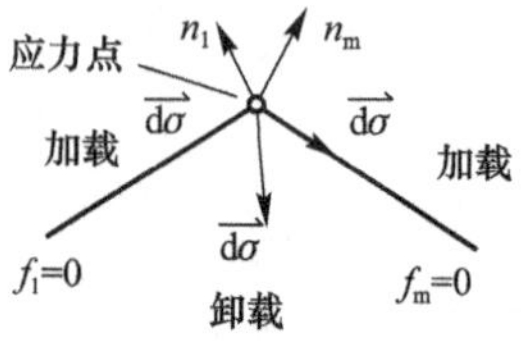

图 3.43

在应力空间中，上述加载准则可用矢量乘积表示为

$$\begin{cases}\overrightarrow{\mathrm{d}\sigma}\cdot\overrightarrow{n_l}=0\ \text{或}\ \overrightarrow{\mathrm{d}\sigma}\cdot\overrightarrow{n_{\mathrm{m}}}=0 & \text{加载}\\ \overrightarrow{\mathrm{d}\sigma}\cdot\overrightarrow{n_l}<0\ \text{及}\ \overrightarrow{\mathrm{d}\sigma}\cdot\overrightarrow{n_{\mathrm{m}}}<0 & \text{卸载}\end{cases}$$

总之，只要应力增量保持在屈服面上就称为加载；返到屈服面以内就称为卸载。

2. 强化材料的加载、卸载准则

强化材料的加载面在应力空间不断扩张或移动(图 3.44)。

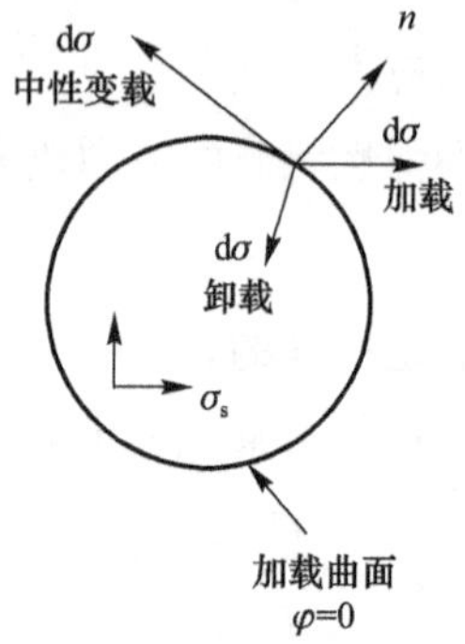

图 3.44

$$
\begin{cases}
\overrightarrow{\mathrm{d}\sigma}\cdot\overrightarrow{n}>0 & \text{加载} \\
\overrightarrow{\mathrm{d}\sigma}\cdot\overrightarrow{n}=0 & \text{中性变载} \\
\overrightarrow{\mathrm{d}\sigma}\cdot\overrightarrow{n}<0 & \text{卸载}
\end{cases}
\tag{3.67}
$$

中性变载相当于应力点沿加载面切向变化，应力维持在塑性状态但加载面并不扩张的情况。

上述加载准则的数学表达式为

$$
\begin{cases}
\varphi=0 \quad \dfrac{\partial\varphi}{\partial\sigma_{ij}}\mathrm{d}\sigma_{ij}>0 & \text{加载} \\
\varphi=0 \quad \dfrac{\partial\varphi}{\partial\sigma_{ij}}\mathrm{d}\sigma_{ij}=0 & \text{中性变载} \\
\varphi=0 \quad \dfrac{\partial\varphi}{\partial\sigma_{ij}}\mathrm{d}\sigma_{ij}<0 & \text{卸载}
\end{cases}
$$

例 3.11　设一点的应力状态为 $\sigma_{ij}^{(0)}=\begin{bmatrix}400&0&0\\0&200&0\\0&0&200\end{bmatrix}$ MPa，当它变为 $\sigma_{ij}^{(1)}=\begin{bmatrix}400&0&0\\0&300&0\\0&0&300\end{bmatrix}$ MPa 或变为 $\sigma_{ij}^{(2)}=\begin{bmatrix}300&0&0\\0&100&0\\0&0&0\end{bmatrix}$ MPa 时，分别按 Tresca 和 Mises 屈服准则判别此时是加载还是卸载。

解：(1)按 Tresca 屈服准则判别有

$$\tau_{\max}^{(0)}=100\ \text{MPa}\qquad \tau_{\max}^{(1)}=50\ \text{MPa}\qquad \tau_{\max}^{(2)}=150\ \text{MPa}$$

故有 $\sigma_{ij}^{(0)}\to\sigma_{ij}^{(1)}$ 为卸载；$\sigma_{ij}^{(0)}\to\sigma_{ij}^{(2)}$ 为加载。

(2)按 Mises 屈服准则判别，其屈服函数为

$$f=(\sigma_1-\sigma_2)^2+(\sigma_2-\sigma_3)^2+(\sigma_3-\sigma_1)^2-C^2=0$$

则

$$\frac{\partial f}{\partial\sigma_{ij}}\mathrm{d}\sigma_{ij}=2[(2\sigma_1-\sigma_2-\sigma_3)\mathrm{d}\sigma_1+(2\sigma_2-\sigma_1-\sigma_3)\mathrm{d}\sigma_2+(2\sigma_3-\sigma_1-\sigma_2)\mathrm{d}\sigma_3]$$

由

$$\sigma_{ij}^{(0)}\to\sigma_{ij}^{(1)}$$

$$\frac{\partial f}{\partial\sigma_{ij}}\mathrm{d}\sigma_{ij}=-8\times10^4\ \text{MPa}<0\quad \text{为卸载}$$

$$\sigma_{ij}^{(0)}\to\sigma_{ij}^{(2)}$$

由

$$\frac{\partial f}{\partial\sigma_{ij}}\mathrm{d}\sigma_{ij}=4\times10^4\ \text{MPa}>0\quad \text{为加载}$$

3.8.4 理想塑性材料的增量本构关系

塑性本构关系即材料超过弹性范围之后的本构关系。此时，应力与应变之间不存在一一对应的关系，只能建立应力增量与应变增量之间的关系。这种用增量形式表示的塑性本构关系，称为增量理论或流动理论。

进入塑性阶段后，应变增量可以分解为弹性部分和塑性部分。

$$d\varepsilon_{ij}=d\varepsilon_{ij}^{e}+d\varepsilon_{ij}^{p}$$

由胡克定律

$$d\varepsilon_{ij}=\frac{d\sigma_{ij}}{2G}-\frac{3\mu}{E}d\sigma_{m}\delta_{ij}$$

由 Drucker 公设

$$d\varepsilon_{ij}^{p}=d\lambda\frac{\partial\varphi}{\partial\sigma_{ij}}\tag{3.68}$$

式(3.68)称为流动法则。其中 φ 为加载函数。塑性加载时 $d\lambda>0$，中性变载或卸载时 $d\lambda=0$。

增量形式的塑性本构关系为

$$d\varepsilon_{ij}=\frac{d\sigma_{ij}}{2G}-\frac{3\mu}{E}d\sigma_{m}\delta_{ij}+d\lambda\frac{\partial\varphi}{\partial\sigma_{ij}}\tag{3.69}$$

塑性位势理论：将塑性应变增量表示为塑性位势函数对应力取微商。

$$d\varepsilon_{ij}^{p}=d\lambda\frac{\partial g}{\partial\sigma_{ij}}\tag{3.70}$$

其中 $g=g(\sigma_{ij})$ 是塑性位势函数。

两种情况：

(1)服从 Drucker 公设的材料，塑性位势函数 g 就是加载函数 φ，即 $g=\varphi$，此时上式称为与加载条件相关联的流动法则。由于加载面和塑性应变增量正交，也称为正交流动法则。

(2)当加载面和塑性应变增量不正交，$g\neq\varphi$，此时式(3.70)称为与加载条件非关联的流动法则，主要用于岩土材料。

1. 理想塑性材料与 Mises 屈服条件相关联的流动法则

对于理想塑性材料，屈服函数 f 就是加载函数 φ。

流动法则写成：

$$d\varepsilon_{ij}^{p}=d\lambda\frac{\partial f}{\partial\sigma_{ij}}\tag{3.71}$$

Mises 屈服条件：

$$f=J_2'-\tau_s^2=0$$

有

$$\frac{\partial f}{\partial\sigma_{ij}}=\frac{\partial J_2'}{\partial\sigma_{ij}}=\frac{\partial J_2'}{\partial s_{ij}}=s_{ij}$$

故理想塑性材料与 Mises 条件相关联的流动法则为

$$d\varepsilon_{ij}^{p}=d\lambda\cdot s_{ij} \tag{3.72}$$

(1)理想弹塑性材料——Prandtl-Reuss 关系。按照广义胡克定律求得弹性应变增量，再与所得的塑性应变增量叠加，就得到理想弹塑性材料的增量本构关系

$$\begin{aligned} de_{ij}&=\frac{1}{2G}ds_{ij}+d\lambda\cdot s_{ij}\\ d\varepsilon_{kk}&=\frac{1-2\mu}{E}d\sigma_{kk}\end{aligned} \tag{3.73}$$

$$d\lambda\begin{cases}=0 & 当\ J_2'<\tau_s^2，或\ J_2'=\tau_s^2，dJ_2'<0，\\ \geqslant 0 & 当\ J_2'=\tau_s^2，dJ_2'=0\end{cases}$$

其中对理想塑性材料，比例系数 $d\lambda$ 要联系屈服条件来确定。

$$\begin{aligned} dW_{\varphi}&=s_{ij}\left(\frac{1}{2G}ds_{ij}+d\lambda\cdot s_{ij}\right)\\ &=\frac{1}{2G}dJ_2'+2J_2'd\lambda=dW_{\varphi}^{e}+dW^{p}\end{aligned}$$

Mises 屈服条件 $J_2'=\tau_s^2=\sigma_s^2/3$，此时 $dW_{\varphi}^{e}=0$，因而 $dW_{\varphi}=dW^{p}$

$$d\lambda=\frac{dW^{p}}{2J_2'}=\frac{dW^{p}}{2\tau_s^2}=\frac{3dW^{p}}{2\sigma_s^2}$$

由于塑性变形消耗功，所以 $dW^{p}>0$，则 $d\lambda>0$。

可见，给定应力 σ_{ij} 和应变增量 $d\varepsilon_{ij}$ 时从 Prandtl-Reuss 关系可以求出 $d\lambda$ 及应力增量 dS_{ij} 和 $d\sigma_{ij}$。但反过来，如果给定的是 dS_{ij} 和 $d\sigma_{ij}$ 则定不出 $d\lambda$，也就求不出来 $d\varepsilon_{ij}$。给定应力求不出应变增量，这正反映出理想塑性材料的特点。

(2)理想刚塑性材料——Levy-Mises 关系。当塑性应变增量比弹性应变增量大得多时，可略去弹性应变增量，从而得到适用于理想刚塑性材料的 Levy-Mises 关系，即

$$d\varepsilon_{ij}=d\lambda\cdot s_{ij} \tag{3.74}$$

式(3.74)表明应变增量张量与应力偏张量成比例，也可以写成

$$\frac{d\varepsilon_{xx}}{s_x}=\frac{d\varepsilon_{yy}}{s_y}=\frac{d\varepsilon_{zz}}{s_z}=\frac{d\varepsilon_{xy}}{s_{xy}}=\frac{d\varepsilon_{yz}}{s_{yz}}=\frac{d\varepsilon_{zx}}{s_{zx}}$$

如果上式的后三个分式的分母为零，则其分子必须同时为零。这说明 Levy-Mises 关系要求应变增量张量的主轴与主应力轴重合。

利用 Mises 屈服条件

$$J_2'=\tau_s^2=\sigma_s^2/3,$$

可得

$$d\lambda=\frac{\sqrt{d\varepsilon_{ij}d\varepsilon_{ij}}}{\sqrt{2J_2'}}=\frac{\overline{d\gamma}}{2\tau_s}=\frac{3\overline{d\varepsilon}}{2\sigma_s} \tag{3.75}$$

因为

$$d\varepsilon_{ij}=d\lambda\cdot s_{ij}$$

所以

$$S_{ij}=\frac{d\varepsilon_{ij}}{d\lambda}=\frac{2\tau_s d\varepsilon_{ij}}{\overline{d\gamma}}=\frac{2\sigma_s d\varepsilon_{ij}}{3\,\overline{d\varepsilon}} \tag{3.76}$$

在 $d\varepsilon_{ij}=d\lambda\cdot s_{ij}$ 式中，给定 dS_{ij} 后不能确定 $d\varepsilon_{ij}$，但可由 $d\varepsilon_{ij}$ 确定 dS_{ij}，如下：

由于

$$J_2'=\frac{1}{2}S_{ij}S_{ij}=\frac{1}{2\,(d\lambda)^2}d\varepsilon_{ij}d\varepsilon_{ij},$$

$$\left.\begin{aligned}d\lambda&=\frac{dW^p}{2\,J_2'}=\frac{dW^p}{2\tau_s^2}=\frac{3dW^p}{2\sigma_s^2}\\ d\lambda&=\frac{\sqrt{d\varepsilon_{ij}d\varepsilon_{ij}}}{\sqrt{2\,J'^2}}=\frac{\overline{d\gamma}}{2\tau_s}=\frac{3\,\overline{d\varepsilon}}{2\sigma_s}\end{aligned}\right\}$$

$$dW^p=\tau_s\cdot\overline{d\gamma}=\sigma_s\cdot\overline{d\varepsilon}$$

对于刚塑性材料，$dW=dW^p$。

(3)试验验证。理想塑性材料与 Mises 条件相关联的流动法则：

$$d\varepsilon_{ij}^p=d\lambda\cdot s_{ij}$$

对应于 π 平面上，$\overrightarrow{d\varepsilon^p}$ 与 $\overline{S}$ 两向量在由坐标原点发出的同一条射线上。Lode(1926)采用薄壁圆管受轴力和内压同时作用的试验。

试验中使用的参数：

$$\begin{aligned}\mu_\sigma&=\frac{2s_2-s_1-s_3}{s_1-s_3}\\ \mu_{d\varepsilon^p}&=\frac{2d\varepsilon_2^p-d\varepsilon_1^p-d\varepsilon_3^p}{d\varepsilon_1^p-d\varepsilon_3^p}\end{aligned} \tag{3.77}$$

在消除了试验用薄管的各向异性后，结果表明两个 Lode 参数相等。

2. 理想塑性材料与 Tresca 屈服条件相关联的流动法则

与 Mises 条件相关联的流动法则相比，与 Tresca 条件相关联的流动法则有两个显著的特点：

(1)在 Tresca 六角柱的屈服平面上(在平面内，就是在正六边形的直边上)，给出沿外法向的并不能就此确定 S，因为同一个屈服平面上的任一点都具有相同的外法向。

(2)在 Tresca 六角柱的棱线上(在 π 平面内，就是在正六边形的角点上)，不存在唯一的外法线。

实际上，角点可以看成一段光滑曲线无限缩小的极端情况，因此角点的法线不唯一，而可为上述夹角范围内的任一方向。

图 3.45 中的角点 B，它的两侧面 AB 面和 BC 面的方程分别为

$$f_1=\sigma_1-\sigma_2-\sigma_s=0 \qquad (AB\text{ 面})$$

$$f_2=\sigma_1-\sigma_3-\sigma_s=0 \qquad (BC\text{ 面})$$

对 AB 面

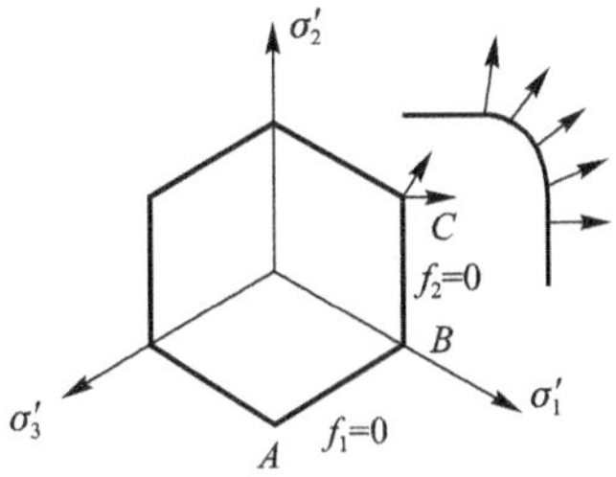

图 3.45

$$\left.\begin{aligned} d\varepsilon_1^p &= d\lambda_1\,\frac{\partial f_1}{\partial \sigma_1} = d\lambda_1 \\ d\varepsilon_2^p &= d\lambda_1\,\frac{\partial f_1}{\partial \sigma_2} = -d\lambda_1 \\ d\varepsilon_3^p &= d\lambda_1\,\frac{\partial f_1}{\partial \sigma_3} = 0 \end{aligned}\right\} d\varepsilon_1^p : d\varepsilon_2^p : d\varepsilon_3^p = 1 : (-1) : 0$$

同理，对 BC 面有

$$d\varepsilon_1^p : d\varepsilon_2^p : d\varepsilon_3^p = 1 : 0 : (-1)$$

角点 B 处的塑性应变增量可以 AB 面和 BC 面上的塑性应变增量的线性组合得

$$d\varepsilon_1^p : d\varepsilon_2^p : d\varepsilon_3^p = 1 : (-\mu) : (\mu-1)$$

其中，$0\leqslant\mu\leqslant1$。

例 3.12　已知薄壁圆筒承受拉应力 $\sigma_z=\sigma_s/2$ 及扭矩的作用，若使用 Mises 条件，试求屈服时扭转应力，并求出此时塑性应变增量的比值。

解：由于是薄壁圆筒，所可认为圆筒上各点的应力状态是均匀分布的。据题意圆筒内任意一点的应力状态为(采用柱坐标表示)

$$\sigma_\theta=0 \qquad \sigma_r=0 \qquad \sigma_z=\frac{\sigma_s}{2} \qquad \tau_{\gamma\theta}=0 \qquad \tau_{\theta z}=\tau \qquad \tau_{z\gamma}=0$$

据 Mises 屈服条件知，当该薄壁圆筒在轴向拉力(固定不变)和扭矩 M(逐渐增大，直到材料产生屈服)的作用下产生屈服时，有

$$\begin{aligned} \sigma_s &= \frac{1}{\sqrt{2}}\left[(\sigma_r-\sigma_\theta)^2+(\sigma_\theta-\sigma_z)^2+(\sigma_z-\sigma_\gamma)^2+6({\tau_{\gamma\theta}}^2+{\tau_{\theta z}}^2+{\tau_{z\gamma}}^2)\right]^{\frac{1}{2}} \\ &= \frac{1}{\sqrt{2}}\left[\left(-\frac{\sigma_s}{2}\right)^2+\left(\frac{\sigma_s}{2}\right)^2+6\tau^2\right]^{\frac{1}{2}} = \frac{1}{\sqrt{2}}\left[\left(-\frac{{\sigma_s}^2}{2}\right)++6\tau^2\right]^{\frac{1}{2}} \end{aligned}$$

解得 $\tau=\dfrac{\sigma_s}{2}$

τ 就是当圆筒屈服时其横截面上的扭转应力。

任意一点的球应力分量：$\sigma_m=\dfrac{\sigma_z+\sigma_\theta+\sigma_\gamma}{3}=\dfrac{\sigma_s}{6}$

应力偏量为

$$S_\theta=\sigma_\theta-\sigma_m=-\frac{\sigma_s}{6}\quad S_\gamma=\sigma_r-\sigma_m=-\frac{\sigma_s}{6}$$

$$S_z=\sigma_z-\sigma_m=\frac{\sigma_s}{2}-\frac{\sigma_s}{6}=\frac{\sigma_s}{3}$$

$$S_{\theta\gamma}=S_{\gamma z}=\tau_{\theta\gamma}=\tau_{\gamma z}=0\quad S_{z\theta}=\tau_{z\theta}=\tau=\frac{\sigma_s}{2}$$

由增量理论知：$d\varepsilon_{ij}{}^p=S_{ij}.d\lambda$

得

$$d\varepsilon_\theta{}^p=S_\theta\cdot d\lambda=-\frac{\sigma_s}{6}d\lambda\quad d\varepsilon_\gamma{}^p=S_\gamma\cdot d\lambda=-\frac{\sigma_s}{6}d\lambda$$

$$d\varepsilon_z{}^p=S_Z\cdot d\lambda=\frac{\sigma_s}{3}d\lambda\quad d\varepsilon_{\gamma\theta}{}^p=S_{\theta\gamma}\cdot d\lambda=0\quad d\varepsilon_{\gamma z}{}^p=S_{\gamma z}.d\lambda=0$$

$$d\varepsilon_{z\theta}^p=S_{z\theta}\cdot d\lambda=\frac{\sigma_s}{2}d\lambda$$

所以，此时的塑性应变增量的比值为

$$d\varepsilon_\theta^p:d\varepsilon_\gamma^p:d\varepsilon_z^p:d\varepsilon_{\theta z}^p:d\varepsilon_{\gamma z}^p:d\varepsilon_{z\theta}^p=(-\frac{\sigma_s}{6}):(-\frac{\sigma_s}{6}):\frac{\sigma_s}{3}:0:0:\frac{\sigma_s}{2}$$

$$d\varepsilon_\theta^p:d\varepsilon_\gamma^p:d\varepsilon_z^p:d\varepsilon_{\theta z}^p:d\varepsilon_{\gamma z}^p:d\varepsilon_{z\theta}^p=(-1):(-1):2:0:0:3$$

3.8.5　简单加载时的全量理论

全量理论认为应力和应变之间存在着一一对应的关系，因而用应力和应变的全量建立起来的塑性本构方程，又称形变理论。

在单调加载的情况下应力和应变之间存在一一对应关系，这时塑性变形相当于非线性弹性问题，可用全量理论求解。

1. 简单加载和单一曲线假定

简单加载：单元体的应力张量各分量之间的比值保持不变，按同一参量单调增长。

复杂加载：不满足这一条件的加载情形。

简单加载路径在 π 平面上可表示为 θ_σ=const 的射线(图 3.46)。

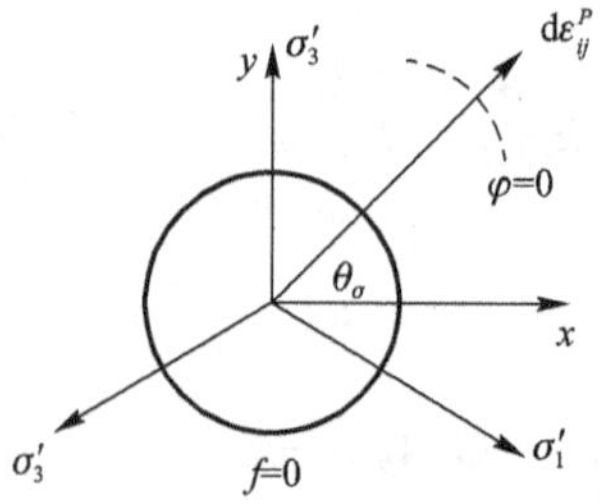

图 3.46

对于 Mises 条件，不论强化模型如何，加载路径始终沿半径方向。即 $d\varepsilon_{ij}^p$ 沿 r_σ 的方向，而 r_σ 的方向可由 S_{ij} 表示。

则

$$d\varepsilon_{ij}^p = d\lambda \cdot S_{ij}$$

加入弹性应变增量

$$\begin{cases} de_{ij} = \dfrac{1}{2G} dS_{ij} + d\lambda \cdot S_{ij} \\ d\varepsilon_{kk} = \dfrac{1-2\mu}{E} d\sigma_{kk} \end{cases} \tag{3.78}$$

此即理想弹塑性材料的 Prandtl-Reuss 关系。

在简单加载条件下，将式(3.78)积分，得

$$e_{ij} = \left(\frac{1}{2G} + \Phi\right) S_{ij}$$

其中

$$\varphi = \frac{1}{t}\int_0^t t d\lambda$$

即在简单加载条件下增量理论同全量理论是等价的。

单一曲线假定：试验证明，只要是简单加载或偏离简单加载不大，尽管在主应力空间中射线方向不同，$\vec{\sigma}$-$\vec{\varepsilon}$ 曲线可近似地用单向拉伸曲线表示。

2. 简单加载定理

如果满足下面一组充分条件，物体内部每个单元体都处于简单加载之中：

(1)小变形；

(2)材料不可压缩，即 $\mu = \dfrac{1}{2}$；

(3)载荷按比例单调增长，如果有位移边界条件，则只能是零位移边界条件；

(4)材料的 $\vec{\sigma}$-$\vec{\varepsilon}$ 曲线具有幂函数的形式。

与增量理论相比，全量理论应用起来方便得多，因为它无须按照加载路径逐步积分。全量理论的加载路径允许和简单加载路径有一定的偏离。这样造成的误差有时并不大，如屈曲分析。

3.8.6　本构理论的验证与比较

以薄圆管受拉力 F 和扭矩 T 的作用试验，来比较形变理论与增量理论的计算结果。

设圆管的平均半径为 R，壁厚为 h，$h \ll R$，在拉力 F 和扭矩 T 的作用下，圆管的横截面上产生的应力状态如图 3.47 所示，其在柱坐标中其应力分量为

$$\sigma_z = \frac{F}{2\pi Rh} \quad \sigma_{\theta z} = \frac{T}{2\pi R^2 h} \quad \sigma_r \approx 0$$

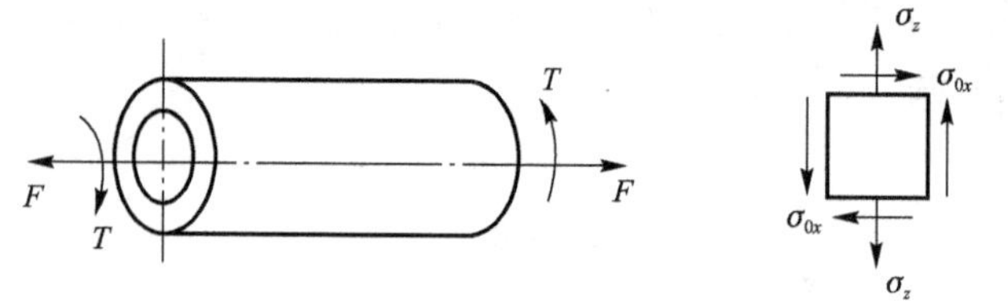

图 3.47

同时产生线应变 ε_z 和切应变 $\gamma_{\theta z}$，为简单起见引入无量纲变量

$$\sigma=\frac{\sigma_z}{\sigma_s}\quad \varepsilon=\frac{\varepsilon_z}{\varepsilon_s}\quad \tau=\frac{\sigma_{\theta z}}{\tau_s}\quad \gamma=\frac{\gamma_{\theta z}}{\gamma_s}$$

$$\sigma_s=\sqrt{3}\tau_s\quad \varepsilon_s=\frac{\sigma_s}{E}\quad \gamma_s=\frac{\tau_s}{G}\quad E=3G$$

对于理想弹塑性体材料。Mises 屈服准则为

$$\left(\frac{\sigma_z}{\sigma_s}\right)^2+3\left(\frac{\sigma_{\theta z}}{\sigma_s}\right)^2=1$$

因此

$$\sqrt{\sigma^2+\tau^2}=1\quad \sigma^2+\tau^2=1$$

微分后有 $d\tau=\frac{\sigma d\sigma}{\sqrt{1-\sigma^2}}$

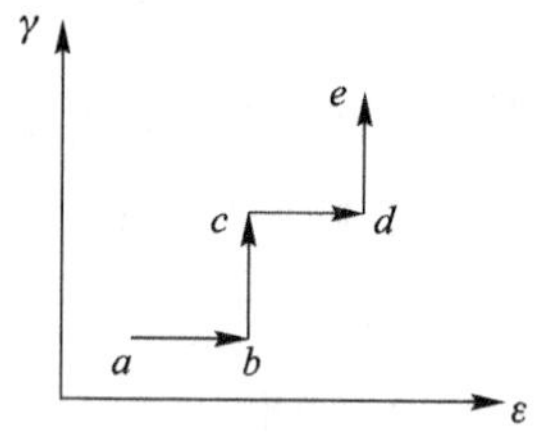

图 3.48

设加载路径如图 3.48 所示。在 b 点设

$$\sigma=\sigma_0\qquad \tau=\tau_0\qquad \varepsilon=\varepsilon_0\qquad \gamma=\gamma_0$$

则在 bc 段，有 $d\varepsilon=0$

1. 按增量理论计算

根据 Prandtl-Reuss 理论的本构方程，有

$$d\varepsilon_z=\frac{d\sigma_z}{E}+S_z d\lambda=\frac{d\sigma_z}{E}+\frac{2}{3}\sigma_z d\lambda$$

$$\frac{1}{2}d\gamma_{\theta z}=\frac{d\tau_{\theta z}}{2G}+\tau_{\theta z}d\lambda$$

化为无量纲的量后得到

$$d\varepsilon=d\sigma+\sigma d\lambda'\qquad d\gamma=d\tau+\tau d\lambda'$$

其中 $$d\lambda'=2\,Gd\lambda$$

在屈服时 $$d\lambda'\neq 0$$

因此

$$\frac{d\varepsilon-d\sigma}{d\gamma-d\tau}=\frac{\sigma}{\tau}$$

由 Mises 屈服准则可知

$$\frac{d\sigma}{d\varepsilon}=\sqrt{1-\sigma^2}\left(\sqrt{1-\sigma^2}-\sigma\frac{d\gamma}{d\varepsilon}\right)$$

$$\frac{d\tau}{d\gamma}=\sqrt{1-\tau^2}\left(\sqrt{1-\tau^2}-\tau\frac{d\varepsilon}{d\gamma}\right)$$

由上式，在 bc 段有

$$d\gamma=\frac{d\tau}{1-\tau^2}$$

积分后得到

$$\gamma-\gamma_0=\frac{1}{2}\ln\left(\frac{1+\tau}{1+\tau_0}+\frac{1-\tau_0}{1-\tau}\right)$$

在 ab 段，有 $d\gamma=0$，如在 a 点 $\sigma=\sigma_0$，$\varepsilon=\varepsilon_0$，类似地得到

$$\varepsilon-\varepsilon_0=\frac{1}{2}\ln\left(\frac{1+\sigma}{1+\sigma_0}+\frac{1-\sigma_0}{1-\sigma}\right)$$

2. 按形变理论计算

根据 Ильюшин 理论，得到

$$\frac{2}{3}\sigma_z=\frac{2}{3}\frac{\bar{\sigma}}{\bar{\varepsilon}}\varepsilon_z \qquad \sigma_{\theta z}=\frac{\bar{\sigma}}{3\bar{\varepsilon}}\gamma_{\theta z}$$

对于理想弹塑性材料，$\overline{\sigma_s}=\sigma_s$　　$\varepsilon_z=\varepsilon_y=\frac{1}{2}\varepsilon_z$

得到

$$\bar{\varepsilon}=\sqrt{\varepsilon_z{}^2+\frac{1}{3}\gamma_{\theta z}{}^2}$$

将上式代入 Ильюшин 理论，并对其进行无量纲化，得到

$$\sigma=\frac{\varepsilon}{\sqrt{\varepsilon^2+\gamma^2}} \qquad \tau=\frac{\gamma}{\sqrt{\varepsilon^2+\gamma^2}}$$

3. 加载路径对计算结果的影响

现取三种不同的加载路径，分别从(0，0)点到(1，1)点，即 $\varepsilon=1$，$\gamma=1$，如图 3.49 所示。

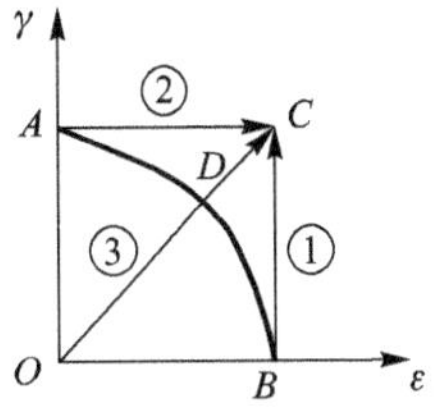

图 3.49

路径①是 OBC，B 点的初始条件是 $\tau_0=0$，$\gamma_0=0$，按增量理论计算出

$$\gamma=\frac{1}{2}\ln\left(\frac{1+\sigma}{1-\sigma}\right) \qquad \tau=\frac{e^{2\gamma}-1}{e^{2\gamma}+1}$$

将 C 点处 $\gamma=1$ 代入得：$\tau=0.76$，$\sigma=0.65$。

路径②是 OAC，A 点的初始条件是 $\sigma_0=0$，$\varepsilon_0=0$，按增量理论计算出

$$\varepsilon=\frac{1}{2}\ln\left(\frac{1+\sigma}{1-\sigma}\right)\sigma=\frac{e^{2\varepsilon}-1}{e^{2\varepsilon}+1}$$

将 C 点处 $\varepsilon=1$ 代入得：$\tau=0.76$，$\sigma=0.65$。

路径③是 ODC，有 $d\varepsilon=d\gamma$，在到达 D 点时进入屈服，满足 $\sigma=\tau$ 和 $\sigma^2+\tau^2=1$ 条件，由此得 D 点应力为：$\sigma=0.707$，$\tau=0.707$

按形变理论求解，以 $\varepsilon=\gamma=1$ 代入式

$$\sigma=\frac{\varepsilon}{\sqrt{\varepsilon^2+\gamma^2}} \qquad \tau=\frac{\gamma}{\sqrt{\varepsilon^2+\gamma^2}}$$

求得 $\sigma=0.707$，$\tau=0.707$。

从上述计算结果可知，因为路径③是简单加载，所以两种理论计算结果相同，路径①、②均属复杂加载，两种理论具有明显差异。

习　题

3.1　设某点的应力张量为 $\sigma_{ij}=\begin{bmatrix}-100 & 0 & 0\\ 0 & -200 & 0\\ 0 & 0 & -300\end{bmatrix}$ MPa，该物体的材料在单向拉伸时的屈服点为 $\sigma_s=190$ MPa，试用 Mises 和 Tresca 准则来判断该点是处于弹性状态，还是处于塑性状态。

3.2　一薄壁圆管的平均半径 $R=50$ mm，壁厚 $t=3$ mm，$\sigma_s=390$ MPa，承受拉力 F 和扭矩 T 的作用，在加载过程中保持 $\sigma/\tau=1$，试求此圆管开始屈服时的 F 和 T 的值(按两种屈服准则分别计算)。

3.3　一薄壁管的半径为 R，壁厚为 t，承受内压 P 作用，如管的两端封闭，分别用 Mises 和 Tresca 两种屈服准则求 P 多大时管子达到屈服。

3.4　设一点的应力状态为 $\sigma_{ij}^{(1)}=\begin{bmatrix}40 & 0 & 0\\ 0 & 20 & 0\\ 0 & 0 & 10\end{bmatrix}$ MPa，当它变为 $\sigma_{ij}^{(2)}=\begin{bmatrix}30 & 0 & 0\\ 0 & 10 & 0\\ 0 & 0 & 10\end{bmatrix}$ MPa 时，分别按 Tresca 和 Mises 屈服准则判别此时是加载还是卸载。

3.5　在以下情况下，按 Mises 屈服准则写出塑性应变增量之比，$\sigma_x=75$ MPa，$\sigma_y=15$ MPa，$\tau_{xy}=40$ MPa。

3.6　如图 3.50 所示，一两端封闭的薄壁圆筒，半径为 r，壁厚为 t，受内压 p 的作用，求产生塑性变形时筒壁的周向、径向和轴向应变的比例(设径向应力可以忽略，即按 $\sigma_r=0$ 求解)。

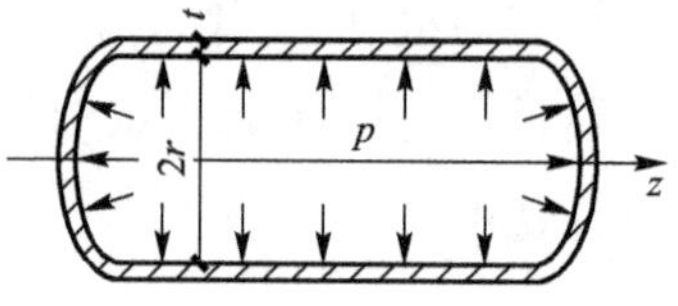

图 3.50

3.7　如图3.51所示，已知 $\sigma_z=\sigma_s/2$，用 Mises 准则求 $\tau_{z\theta}$ 为多少时屈服，并求应变增量比。

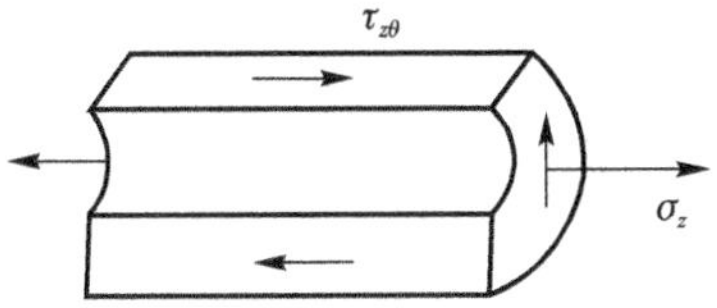

图3.51

3.8　如图3.52所示，薄壁圆筒的平均半径为 r，壁厚为 t，受轴向拉力 F 和扭矩 T 作用，用增量理论和全量理论根据不同变形路径：①OAB；②OCB；③OB，计算从 $O(0, 0)$ 到 $B(2, 1)$ 时，所对应的无量纲应力 σ 和 τ。

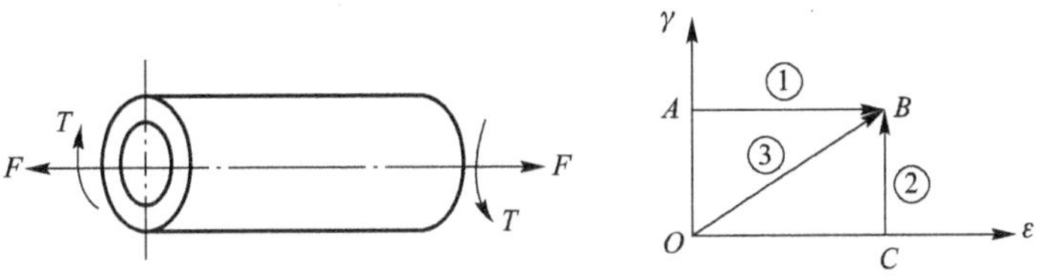

图3.52

第4章　弹塑性问题3结点三角形单元增量有限元格式

4.1 引　　言

弹塑性问题中应力与应变不再保持线性关系，是非线性问题。对于边值问题，无论线性的还是非线性的，其数值求解，应用最广的都是有限单元法。考虑弹塑性问题的非线性应力-应变关系一般与路径有关，故本章仅介绍增量有限单元法。

本章以材料为理想塑性或各向同性硬化、服从 V. Mises 屈服条件、塑性位势与屈服函数相关联的弹塑性问题为例，介绍 3 结点三角形单元的增量有限元格式。

弹塑性问题为材料非线性问题，其有限元分析，相对于其他非线性问题的分析，处理起来要简单一些，弹塑性非线性问题的有限元表达格式除需将材料本构关系线性化外，其他皆可由线性问题的表达格式直接推广得到。

非线性问题的有限元求解方程为非线性代数方程组，故本章首先介绍常用的非线性代数方程组数值求解的 Newton-Raphson 方法和增量方法，之后再介绍最基本的 3 结点三角形单元增量有限元格式。

4.2 非线性代数方程组的数值求解

设非线性代数方程组为

$$\boldsymbol{\psi}(\boldsymbol{a})=\boldsymbol{P}(\boldsymbol{a})-\boldsymbol{Q}=0 \tag{4.1}$$

其中 $\boldsymbol{a}$ 是待求的未知列向量，$\boldsymbol{P}(\boldsymbol{a})$是 $\boldsymbol{a}$ 的非线性函数列向量，$\boldsymbol{Q}$ 是已知列向量。对于位移元有限元而言，式(4.1)即依据虚功方程建立的增量有限元求解方程，$\boldsymbol{a}$ 为结点的位移增量列向量，$\boldsymbol{Q}$ 为结点的等效载荷增量列向量。

非线性代数方程组不能够像线性代数方程组一样直接求得，但可以借助重复求解线性代数方程组来近似得到其数值解，该数值解法有直接迭代法、Newton-Raphson 方法以及增量法等，本文仅介绍有限元中常用的 Newton-Raphson 方法和增量法。

4.2.1　Newton-Raphson 方法

设式(4.1)第 n 次迭代的近似解为 $\boldsymbol{a}^{(n)}$，为得到第 $n+1$ 次近似解 $\boldsymbol{a}^{(n+1)}$，将 $\boldsymbol{\psi}(\boldsymbol{a})$在 $\boldsymbol{a}^{(n)}$ 附近展开为仅保留线性项的 Taylor 展开式，即

$$\boldsymbol{\psi}(\boldsymbol{a}^{(n+1)})=\boldsymbol{\psi}(\boldsymbol{a}^{(n)})+\left(\frac{\mathrm{d}\boldsymbol{\psi}}{\mathrm{d}\boldsymbol{a}}\right)_{a^n}\Delta\boldsymbol{a}^{(n)}=0$$

从而得

$$\Delta\boldsymbol{a}^{(n)}=-(\boldsymbol{K}_T^{(n)})^{-1}(\boldsymbol{P}^{(n)}-Q)$$

其中，$\boldsymbol{K}_T^{(n)}=\boldsymbol{K}_T(\boldsymbol{a}^{(n)})=\left(\frac{\mathrm{d}\boldsymbol{P}}{\mathrm{d}\boldsymbol{a}}\right)_{a^n}$，$\boldsymbol{P}^{(n)}=\boldsymbol{P}(\boldsymbol{a}^{(n)})$。

且 $\Delta\boldsymbol{a}^{(n)}=\boldsymbol{a}^{(n+1)}-\boldsymbol{a}^{(n)}$。

重复上述迭代过程，直至满足收敛条件：$\| e \| = \| \boldsymbol{a}^{(n+1)}-\boldsymbol{a}^{(n)} \| \leqslant e_r$(其中 $\| e \|$ 为 $\boldsymbol{a}$ 前后两次迭代值的某种范数，e_r 为规定误差值)。

例 4.1　已知一非线性代数方程组为$\begin{cases}u^2-10u+v^2+8=0\\uv^2+u-10v+8=0\end{cases}$，试用 Newton-Raphson 法，对其进行数值求解。

解：由 Newton-Raphson 法，得具体迭代表达式为

$$\begin{pmatrix}u^{(n+1)}\\v^{(n+1)}\end{pmatrix}=\begin{pmatrix}u^{(n)}\\v^{(n)}\end{pmatrix}-\begin{pmatrix}2u^{(n)}-10 & 2v^{(n)}\\(v^{(n)})^2+1 & 2u^{(n)}v^{(n)}-10\end{pmatrix}^{-1}\begin{pmatrix}(u^{(n)})^2-10u^{(n)}+(v^{(n)})^2+8\\u^{(n)}(v^{(n)})^2+u^{(n)}-10v^{(n)}+8\end{pmatrix}$$

设初值为

$$\begin{pmatrix}u^{(0)}\\v^{(0)}\end{pmatrix}=\begin{pmatrix}0\\0\end{pmatrix}$$

依次迭代，直至

$$|u^{(n+1)}-u^{(n)}|\leqslant 10^{-4}\text{及}|v^{(n+1)}-v^{(n)}|\leqslant 10^{-4}$$

经迭代 5 次得

$$u=9.999\,988\times 10^{-1},\ v=9.999\,954\times 10^{-1}$$

4.2.2　增量方法

对于弹塑性问题，由于应力依赖变形历史，应力应变的全量关系一般无从建立，所以式(4.1)一般不能表达为 $\boldsymbol{a}$ 的全量形式，解决这一问题的思路是追踪变形历史，具体方法是先将载荷分为若干增量步，在每个增量步下把式(4.1)近似成增量方程，再应用 Newton-Raphson 法，迭代求解各增量步下的位移、应变、应力增量等，从而得到各步载荷下的位移、应变、应力等。

增量法如下：

(1)设第 m 步的载荷 $\boldsymbol{Q}_m$ 和相应的位移 $\boldsymbol{a}_m$ 为已知，则由式(4.1)得

$$\boldsymbol{\psi}(\boldsymbol{a}_m)=\boldsymbol{P}(\boldsymbol{a}_m)-\boldsymbol{Q}_m=0 \tag{4.2}$$

(2)设第 $m+1$ 步的载荷为：$\boldsymbol{Q}_{m+1}=\boldsymbol{Q}_m+\Delta\boldsymbol{Q}_m$，相应的位移为 $\boldsymbol{a}_{m+1}=\boldsymbol{a}_m+\Delta\boldsymbol{a}_m$，其中 $\Delta\boldsymbol{Q}_m$、$\Delta\boldsymbol{a}_m$ 分别为第 m 步到第 $m+1$ 步载荷和位移的增量。

(3)由式(4.1)得

$$\boldsymbol{\psi}(\boldsymbol{a}_{m+1})=\boldsymbol{P}(\boldsymbol{a}_{m+1})-\boldsymbol{Q}_{m+1}=0 \tag{4-3}$$

(4)由式(4-2)、式(4-3)两式推得近似方程：

$$(\boldsymbol{K}_T)\Delta\boldsymbol{a}_m=\Delta\boldsymbol{Q}_m$$

其中，$\boldsymbol{K}_T=\frac{\Delta\boldsymbol{P}_m}{\Delta\boldsymbol{a}_m}=\frac{\boldsymbol{P}(\boldsymbol{a}_{m+1})-\boldsymbol{P}(\boldsymbol{a}_m)}{\boldsymbol{a}_{m+1}-\boldsymbol{a}_m}$。

再将 Newton-Raphson 法应用于每个增量步，得

$$\Delta\boldsymbol{a}_m^n=(\boldsymbol{K}_T^n)^{-1}[\boldsymbol{Q}_{m+1}-\boldsymbol{P}(\boldsymbol{a}_{m+1}^n)]$$

其中，$\boldsymbol{K}_T^n=\boldsymbol{K}_T(\boldsymbol{a}_{m+1}^n)$

迭代初值令：$\boldsymbol{a}_{m+1}^0=\boldsymbol{a}_m$

(1)如果每步的载荷增量 $\Delta\boldsymbol{Q}_m$ 足够小，则解的收敛性可以保证。

(2)由于能够得到加载过程中各阶段的中间数值结果，所以增量法便于研究结构位移和应力等随载荷的变化过程。

4.3 有限元格式

前面已提到，弹塑性问题的应力-应变全量关系一般无法建立，不过它的增量关系弹塑性理论已给出，故对弹塑性问题进行有限元分析时，可将载荷分为一个个小的增量，在每个增量步下进行有限元分析，该方法称为增量有限元法。当载荷增量取得足够小时，解一般能够满足收敛要求。

4.3.1 平面问题的应力-应变增量关系的矩阵表达式

三维问题的应力-应变增量关系的矩阵表达式为

$$\mathrm{d}\boldsymbol{\sigma}=\boldsymbol{D}_{ep}\mathrm{d}\boldsymbol{\varepsilon} \tag{4.4}$$

其中：$\mathrm{d}\boldsymbol{\sigma}=[\mathrm{d}\sigma_x\quad \mathrm{d}\sigma_y\quad \mathrm{d}\sigma_z\quad \mathrm{d}\tau_{xy}\quad \mathrm{d}\tau_{yz}\quad \mathrm{d}\tau_{zx}]^T$，

$\mathrm{d}\boldsymbol{\varepsilon}=[\mathrm{d}\varepsilon_x\quad \mathrm{d}\varepsilon_y\quad \mathrm{d}\varepsilon_z\quad \mathrm{d}\gamma_{xy}\quad \mathrm{d}\gamma_{yz}\quad \mathrm{d}\gamma_{zx}]^T$，

弹塑性矩阵：$\boldsymbol{D}_{ep}=\boldsymbol{D}_e-\boldsymbol{D}_p$（$\boldsymbol{D}_e$ 为弹性矩阵）

塑性矩阵：$\boldsymbol{D}_p=\dfrac{\boldsymbol{D}_e\left(\dfrac{\partial f}{\partial\boldsymbol{\sigma}}\right)\left(\dfrac{\partial f}{\partial\boldsymbol{\sigma}}\right)^T\boldsymbol{D}_e}{\left(\dfrac{\partial f}{\partial\boldsymbol{\sigma}}\right)^T\boldsymbol{D}_e\left(\dfrac{\partial f}{\partial\boldsymbol{\sigma}}\right)+\dfrac{4}{9}\sigma_s^2E_p}$

对于材料为理想塑性或各向同性硬化、服从 V. Mises 屈服条件、塑性位势与屈服函数相关联的弹塑性问题：

$$\frac{\partial f}{\partial \boldsymbol{\sigma}}=[s_x \quad s_y \quad s_z \quad 2\tau_{xy} \quad 2\tau_{yz} \quad 2\tau_{zx}]^T$$

$$s_i=\sigma_i-\frac{1}{3}(\sigma_x+\sigma_y+\sigma_z)，(i=x，y，z)$$

对于平面问题，具体如下：

1. 平面应力问题

$$\boldsymbol{\sigma}=[\sigma_x \quad \sigma_y \quad \tau_{xy}]^T,$$

$$\boldsymbol{\varepsilon}=[\varepsilon_x \quad \varepsilon_y \quad \tau_{xy}]^T,$$

弹性矩阵：$\boldsymbol{D}_e=\frac{E}{1-\vartheta^2}\begin{bmatrix}1 & \vartheta & 0\\ \vartheta & 1 & 0\\ 0 & 0 & \frac{1-\vartheta}{2}\end{bmatrix}$

$$\frac{\partial f}{\partial \boldsymbol{\sigma}}=[s_x \quad s_y \quad 2\tau_{xy}]^T s_x=\frac{1}{3}(2\sigma_x-\sigma_y)；\ s_y=\frac{1}{3}(2\sigma_y-\sigma_x)$$

2. 平面应变问题

$$\boldsymbol{\sigma}=[\sigma_x \quad \sigma_y \quad \sigma_z \quad \tau_{xy}]^T,$$

$$\boldsymbol{\varepsilon}=[\varepsilon_x \quad \varepsilon_y \quad 0 \quad \tau_{xy}]^T,$$

弹性矩阵：$\boldsymbol{D}_e=\frac{E}{1+\vartheta}\begin{bmatrix}\frac{1-\vartheta}{1-2\vartheta} & \frac{\vartheta}{1-2\vartheta} & \frac{\vartheta}{1-2\vartheta} & 0\\ & \frac{1-\vartheta}{1-2\vartheta} & \frac{\vartheta}{1-2\vartheta} & 0\\ \text{对} & & \frac{1-\vartheta}{1-2\vartheta} & 0\\ & \text{称} & & \frac{1}{2}\end{bmatrix}$

$$\frac{\partial f}{\partial \boldsymbol{\sigma}}=[s_x \quad s_y \quad s_z \ 2\tau_{xy}]^T s_i=\sigma_i-\frac{1}{3}(\sigma_x+\sigma_y+\sigma_z)(i=x，y，z)$$

4.3.2 场方程的增量矩阵表达式

每一载荷增量步内，弹塑性分析均以前一增量步结束后的计算结果为基础进行，设第 m 步到第 $m+1$ 步：第 m 步对应载荷 $\boldsymbol{Q}_m$，第 m 步到第 $m+1$ 步载荷增加 $\Delta\boldsymbol{Q}$，第 $m+1$ 步对应载荷 $\boldsymbol{Q}_{m+1}(\boldsymbol{Q}_{m+1}=\boldsymbol{Q}_m+\Delta\boldsymbol{Q})$。

设第 m 步结束后的 $\boldsymbol{u}_m$、$\boldsymbol{\sigma}_m$、$\boldsymbol{\varepsilon}_m$ 已经求得，载荷增加 $\Delta\boldsymbol{Q}$ 后，第 $m+1$ 步的体积力载荷、面力载荷、位移边界条件都有一增量，即

$$\left.\begin{aligned} \bar{\boldsymbol{f}}_{m+1}&=\bar{\boldsymbol{f}}_m+\Delta\bar{\boldsymbol{f}} \quad (\text{在 } V \text{ 内}) \\ \bar{\boldsymbol{T}}_{m+1}&=\bar{\boldsymbol{T}}_m+\Delta\bar{\boldsymbol{T}} \quad (\text{在 } S_\sigma \text{ 上}) \\ \bar{\boldsymbol{u}}_{m+1}&=\bar{\boldsymbol{u}}_m+\Delta\bar{\boldsymbol{u}} \quad (\text{在 } S_u \text{ 上}) \end{aligned}\right\}$$

则第 $m+1$ 步的位移、应变、应力分别为

$$\left.\begin{aligned} \boldsymbol{u}_{m+1}&=\boldsymbol{u}_m+\Delta\boldsymbol{u} \\ \boldsymbol{\varepsilon}_{m+1}&=\boldsymbol{\varepsilon}_m+\Delta\boldsymbol{\varepsilon} \\ \boldsymbol{\sigma}_{m+1}&=\boldsymbol{\sigma}_m+\Delta\boldsymbol{\sigma} \end{aligned}\right\}$$

它们应满足的方程和边界条件是

平衡方程：

$$\boldsymbol{A}\boldsymbol{\sigma}_m+\boldsymbol{A}\Delta\boldsymbol{\sigma}+\bar{\boldsymbol{f}}_{m+1}=0 \quad (\text{在 } V \text{ 内})$$

几何方程：

$$\boldsymbol{\varepsilon}_m+\Delta\boldsymbol{\varepsilon}=\boldsymbol{L}\boldsymbol{u}_m+\boldsymbol{L}\Delta\boldsymbol{u} \quad (\text{在 } V \text{ 内})$$

物理方程：

$$\Delta\boldsymbol{\sigma}=\int_{\varepsilon^m}^{\varepsilon_{m+1}}\boldsymbol{D}_{ep}\,\mathrm{d}\boldsymbol{\varepsilon}=\boldsymbol{D}_{ep}^{\varepsilon'}\Delta\boldsymbol{\varepsilon} \quad (\boldsymbol{\varepsilon}_m\leqslant\boldsymbol{\varepsilon}'\leqslant\boldsymbol{\varepsilon}_m+\Delta\boldsymbol{\varepsilon}) \quad (\text{在 } V \text{ 内}) \tag{4.5}$$

边界条件：

$$\bar{\boldsymbol{T}}_m+\Delta\bar{\boldsymbol{T}}=\bar{\boldsymbol{T}}_{m+1} \quad (\text{在 } S_\sigma \text{ 上})$$

$$\bar{\boldsymbol{T}}_m=\boldsymbol{n}\boldsymbol{\sigma}_m \quad \Delta\bar{\boldsymbol{T}}_{m+1}=\boldsymbol{n}\Delta\boldsymbol{\sigma}$$

$$\boldsymbol{u}_m+\Delta\boldsymbol{u}=\bar{\boldsymbol{u}}_m+\Delta\bar{\boldsymbol{u}} \quad (\text{在 } S_u \text{ 上})$$

在小变形的弹塑性分析中，除式(4.5)外，其他的场方程和边界条件都是线性的，因 $\boldsymbol{D}_{ep}$ 是 $\boldsymbol{\sigma}$、$\bar{\varepsilon}^p$ 的函数，为待求未知量，故对其进行了线性化近似处理。

4.3.3　3 结点三角形单元增量有限元格式

弹塑性问题的有限元理论基础依然可以是虚功方程，其增量格式的建立基于增量形式虚功方程，对于 3 结点三角形单元(设每个单元的 3 个结点按逆时针标记为 1、2、3)，其步骤如下：

1. 单元内

(1)位移增量。令单元的位移增量模式为：$\Delta u=\beta_1+\beta_2 x+\beta_3 y$，$\Delta v=\beta_4+\beta_5 x+\beta_6 y$

将 3 个结点的坐标及位移增量分别代入上式，经整理得

$$\begin{aligned} \Delta u&=N_1\Delta u_1+N_2\Delta u_2+N_3\Delta u_3 \\ \Delta v&=N_1\Delta v_1+N_2\Delta v_2+N_3\Delta v_3 \end{aligned} \tag{4.6}$$

其中，$N_i=\dfrac{1}{2A}(a_i+b_i x+c_i y)$ $(i=1, 2, 3$，轮指$)$，为插值函数，

A 为三角形单元面积，$A=\frac{1}{2}\begin{vmatrix}1 & x_1 & y_1\\1 & x_2 & y_2\\1 & x_3 & y_3\end{vmatrix}$

$$a_1=x_2y_3-x_3y_2$$

$$b_1=y_2-y_3\qquad (1\to2\to3\to1\quad 轮指)$$

$$c_1=-x_2+x_3$$

将式(4.6)表示为矩阵形式：

$$\Delta\boldsymbol{u}=\boldsymbol{N}\Delta\boldsymbol{a}^e\tag{4.7}$$

其中，$\Delta\boldsymbol{u}=\begin{Bmatrix}\Delta u\\\Delta v\end{Bmatrix}\Delta\boldsymbol{a}^e=\begin{Bmatrix}\Delta u_1\\\Delta v_1\\\Delta u_2\\\Delta v_2\\\Delta u_3\\\Delta v_3\end{Bmatrix}N=\begin{bmatrix}N_1 & 0 & N_2 & 0 & N_3 & 0\\0 & N_1 & 0 & N_2 & 0 & N_3\end{bmatrix}$

分别称为位移增量列阵、单元结点位移增量列阵、插值函数矩阵。

(2)应变增量。由几何方程，推得

$$\Delta\boldsymbol{\varepsilon}=\boldsymbol{L}\Delta\boldsymbol{u}=\boldsymbol{LN}\Delta\boldsymbol{a}^e=\boldsymbol{B}\Delta\boldsymbol{a}^e\tag{4.8}$$

其中，$\Delta\boldsymbol{\varepsilon}=\begin{Bmatrix}\Delta\varepsilon_x\\\Delta\varepsilon_y\\\Delta\gamma_{xy}\end{Bmatrix}$

$$\boldsymbol{L}=\begin{bmatrix}\frac{\partial}{\partial x} & \\ & \frac{\partial}{\partial y}\\\frac{\partial}{\partial y} & \frac{\partial}{\partial x}\end{bmatrix}$$

$$\boldsymbol{B}=\frac{1}{2A}\begin{bmatrix}b_1 & 0 & b_2 & 0 & b_3 & 0\\0 & c_1 & 0 & c_2 & 0 & c_3\\c_1 & b_1 & c_2 & b_2 & c_3 & b_3\end{bmatrix}$$

(3)应力增量。由式(4.5)推得：$\Delta\boldsymbol{\sigma}=\boldsymbol{D}_{ep}^{\varepsilon'}\Delta\boldsymbol{\varepsilon}=\boldsymbol{D}_{ep}^{\varepsilon'}\boldsymbol{B}\Delta\boldsymbol{a}^e(\boldsymbol{\varepsilon}_m\leqslant\boldsymbol{\varepsilon}'\geqslant\boldsymbol{\varepsilon}_m+\Delta\boldsymbol{\varepsilon})$

(4)单元虚功。

$$\begin{aligned}\delta W^e&=\int_{V^e}\delta(\Delta\boldsymbol{\varepsilon})^T(\boldsymbol{\sigma}_m+\Delta\boldsymbol{\sigma})\mathrm{d}V-\int_{V^e}\delta(\Delta\boldsymbol{u})^T(\bar{\boldsymbol{f}}_{m+1})\mathrm{d}V-\int_{s_\sigma^e}\delta(\Delta\boldsymbol{u})^T(\bar{\boldsymbol{T}}_{m+1})\mathrm{d}S\\&=\int_{V^e}\delta(\Delta\boldsymbol{\varepsilon})^T(\Delta\boldsymbol{\sigma})\mathrm{d}V+\int_{V^e}\delta(\Delta\boldsymbol{\varepsilon})^T(\boldsymbol{\sigma}_m)\mathrm{d}V-\int_{V^e}\delta(\Delta\boldsymbol{u})^T(\bar{\boldsymbol{f}}_{m+1})\mathrm{d}S-\end{aligned}$$

$$\begin{aligned}&\int_{s_\sigma^e}\delta\,(\Delta\boldsymbol{u})^T(\bar{\boldsymbol{T}}_{m+1})\,\mathrm{d}S\\&=\int_{V^e}\delta\,(\Delta\boldsymbol{a}^{eT})\boldsymbol{B}^T\boldsymbol{D}_{ep}^{\epsilon'}\boldsymbol{B}\Delta\boldsymbol{a}^e\mathrm{d}V+\int_{V^e}\delta\,(\Delta\boldsymbol{a}^{eT})\boldsymbol{B}^T(\boldsymbol{\sigma}_m)\,\mathrm{d}V-\\&\quad\int_{V^e}\delta(\Delta\boldsymbol{a}^{eT})\boldsymbol{N}^T(\bar{\boldsymbol{f}}_{m+1})\,\mathrm{d}V-\int_{s_\sigma^e}\delta\,(\Delta\boldsymbol{a}^{eT})\boldsymbol{N}^T(\bar{\boldsymbol{T}}_{m+1})\,\mathrm{d}S\\&=\delta\,(\Delta\boldsymbol{a}^{eT})(\int_{V^e}\boldsymbol{B}^T\boldsymbol{D}_{ep}^{\epsilon'}\boldsymbol{B}\,\mathrm{d}V)\Delta\boldsymbol{a}^e+\delta\,(\Delta\boldsymbol{a}^{eT})(\int_{V^e}\boldsymbol{B}^T\boldsymbol{\sigma}_m\mathrm{d}V)-\\&\quad\delta\,(\Delta\boldsymbol{a}^{eT})(\int_{V^e}\boldsymbol{N}^T(\bar{f}_{m+1})\,\mathrm{d}V+\int_{s_\sigma^e}\boldsymbol{N}^T(\bar{\boldsymbol{T}}_{m+1})\,\mathrm{d}S)\\&=\delta\,(\Delta\boldsymbol{a}^{eT})\boldsymbol{K}_{ep}^e\Delta\boldsymbol{a}^e+\delta\,(\Delta\boldsymbol{a}^{eT})\,\boldsymbol{Q}2_{m+1}^e-\delta\,(\Delta\boldsymbol{a}^{eT})\,\boldsymbol{Q}1_{m+1}^e\end{aligned}\tag{4.9}$$

其中

$$\boldsymbol{K}_{ep}^e=\int_{V_e}\boldsymbol{B}^T\boldsymbol{D}_{ep}^{\epsilon'}\boldsymbol{B}\,\mathrm{d}V$$

$$\boldsymbol{Q1}_{m+1}^e=\int_{V_e}\boldsymbol{N}^T\bar{\boldsymbol{f}}_{m+1}\mathrm{d}V+\int_{s_\sigma^e}\boldsymbol{N}^T T_{m+1}\mathrm{d}S$$

$$\boldsymbol{Q2}_{m+1}^e=\int_{V_e}\boldsymbol{B}^T(\boldsymbol{\sigma}_{m+1}^n)\,\mathrm{d}V$$

分别称为单元弹塑性刚度矩阵(为奇异阵)、单元等效结点载荷列阵(第 $m+1$ 载荷步下)、单元等效结点内力列阵。

上述 $\boldsymbol{Q2}_{m+1}^e$ 中的 $\boldsymbol{\sigma}_{m+1}^n$ 为第 m 载荷步结束时或第 $m+1$ 步载荷第 n 次迭代结束时的内力，有：$\boldsymbol{\sigma}_{m+1}^0=\boldsymbol{\sigma}_m$。

令

$$\Delta\boldsymbol{a}^e=G^e\Delta\boldsymbol{a}\tag{4.10}$$

这里：$\Delta\boldsymbol{a}=[\Delta u_1、\Delta u_1、\Delta u_2、\Delta u_2、\cdots、\Delta u_n、\Delta u_n]^T$，为总体结点位移增量列阵($n$ 为总体结点数)；G^e 是元素为 0、1 的 $6\times2n$ 的已知转换矩阵。

将式(4.10)带入式(4.9)继续推导，得

$$\delta W^e=\delta(\Delta\boldsymbol{a}^T)\boldsymbol{G}^{eT}\boldsymbol{K}_{ep}^e\boldsymbol{G}^e\Delta\boldsymbol{a}+\delta(\Delta\boldsymbol{a}^T)\boldsymbol{G}^{eT}\boldsymbol{Q}2_{m+1}^e-\delta(\Delta\boldsymbol{a}^T)\boldsymbol{G}^{eT}\boldsymbol{Q}1_{m+1}^e\tag{4.11}$$

2. 总虚功

$$\begin{aligned}\delta W&=\sum_e\delta W^e\\&=\sum_e[\delta(\Delta\boldsymbol{a}^T)\boldsymbol{G}^{eT}\boldsymbol{K}_{ep}^e\boldsymbol{G}^e\Delta\boldsymbol{a}+\delta(\Delta\boldsymbol{a}^T)\boldsymbol{G}^{eT}\boldsymbol{Q}2_{m+1}^e-\delta(\Delta\boldsymbol{a}^T)\boldsymbol{G}^{eT}\boldsymbol{Q}1_{m+1)}^e]\\&=\delta(\Delta\boldsymbol{a}^T)(\sum_e\boldsymbol{G}^{eT}\boldsymbol{K}_{ep}^e\boldsymbol{G}^e)\Delta\boldsymbol{a}+\delta(\Delta\boldsymbol{a}^T)(\sum_e\boldsymbol{G}^{eT}\boldsymbol{Q}2_{m+1}^e)-\\&\quad\delta(\Delta\boldsymbol{a}^T)(\sum_e\boldsymbol{G}^{eT}\boldsymbol{Q}1_{m+1}^e)\\&=\delta(\Delta\boldsymbol{a}^T)\boldsymbol{K}_{ep}\Delta\boldsymbol{a}+\delta(\Delta\boldsymbol{a}^T)\boldsymbol{Q}2_{m+1}-\delta(\Delta\boldsymbol{a}^T)\boldsymbol{Q}1_{m+1}\end{aligned}$$

3. 有限元求解方程

根据 $\delta W=0$，且虚位移的任意性，得到系统的有限元非线性平衡方程：

$$\boldsymbol{K}_{ep}\Delta\boldsymbol{a}=\Delta\boldsymbol{Q} \tag{4.12}$$

其中，$\boldsymbol{K}_{ep}$、$\Delta\boldsymbol{Q}$ 分别是系统的总体弹塑性刚度矩阵(为奇异阵)、总体结点不平衡力列向量，它们分别由单元的各个对应量集成，即

$$\boldsymbol{K}_{ep}=\sum_e \boldsymbol{G}^{eT}\boldsymbol{K}_{ep}^e\boldsymbol{G}^e$$

$$\Delta\boldsymbol{Q}=\sum_e \boldsymbol{G}^{eT}\boldsymbol{Q}2_{m+1}^e-\sum_e \boldsymbol{G}^{eT}\boldsymbol{Q}1_{m+1}^e$$

这里需注意 $\boldsymbol{K}_{ep}^e$ 以及 $\boldsymbol{Q}2_{m+1}^e$，由上一增量步或本增量步第 n 次迭代结束时的 $\boldsymbol{\sigma}_{m+1}^n$ 和 $\bar{\boldsymbol{\varepsilon}}_{p_{m+1}}^n$ 确定，当 $n=0$ 时，$\boldsymbol{\sigma}_{m+1}^0=\boldsymbol{\sigma}_m$、$\bar{\boldsymbol{\varepsilon}}_{p_{m+1}}^0=\bar{\boldsymbol{\varepsilon}}_{p_m}$。

注：程序编制中，$\boldsymbol{K}_{ep}$、$\Delta\boldsymbol{Q}$ 采取“对号入座、叠加”实现。

4. 位移边界条件的引入

式(4.12)为奇异方程，其原因就力学本质来讲，是研究对象的位移边界条件没有考虑，为自由体，而虚功方程是要求虚位移满足位移约束条件的。

在式(4.12)中，将位移边界条件直接代入，则可形成新的维数得以减少的非奇异方程，但这会大大增加计算机运行时间。有限元分析中，位移边界条件的引入多采用近似的、不改变方程维数的“对角线元素乘大数法”，即引入第 i 个已知位移分量增量 d 时，将与该位移分量位置对应的总体弹塑性刚度矩阵的对角线元素 k_{ii} 乘一个大数 r，同时将方程右边对应项修改为 $rk_{ii}d$。

4.4　弹塑性状态决定的步骤

由本增量步第 n 次迭代结束时的 $\Delta\boldsymbol{a}$ 决定 $\Delta\boldsymbol{\sigma}$ 和 $\Delta\bar{\boldsymbol{\varepsilon}}_p$，进而定出本次计算结束时的 $\boldsymbol{\sigma}_{m+1}^{n+1}$ 和 $\bar{\boldsymbol{\varepsilon}}_{p_{m+1}}^{n+1}$，这一步骤称为状态决定。

(1)由 $\Delta\boldsymbol{a}^e$ 计算应变增量：

由几何关系 $\Delta\boldsymbol{\varepsilon}=\boldsymbol{B}\Delta\boldsymbol{a}^e$，得 $\Delta\boldsymbol{\varepsilon}$。

(2)计算应力预测值：

按弹性关系 $\Delta\tilde{\boldsymbol{\sigma}}=\boldsymbol{D}_e\Delta\boldsymbol{\varepsilon}$ 计算本步本次迭代结束时应力增量预测值，并由 $\tilde{\boldsymbol{\sigma}}_{m\ \ m+1}^{n+1}=\boldsymbol{\sigma}_{m+1}^n+\Delta\tilde{\boldsymbol{\sigma}}$ 算出本步本次迭代结束时应力的预测值。

(3)确定本步本次迭代结束时的弹塑性过渡配比值 α 以及应力增量 $\Delta\sigma$

①计算单元内各积分点屈服函数：

对于各向同性硬化材料，其后继 Mises 屈服函数为

$$F_{m+1}(\tilde{\boldsymbol{\sigma}}_{m+1}^{n+1},\ \bar{\varepsilon}_{p_{m+1}}^{n+1})=\frac{1}{2}\tilde{s}_{ij}\tilde{s}_{ij}-\frac{1}{3}\sigma_s^2(\bar{\varepsilon}_{p_{m+1}}^{n+1})$$

②计算弹塑性过渡配比值 α

a. 若 $F_{m+1}\leqslant 0$，则为弹性加载，或由塑性按弹性卸载，令 $\alpha=1$。

b. 若 $F_{m+1}>0$ 且 $F_m<0$，则为弹性到塑性的过渡，过渡配比值 α 由 $F(\boldsymbol{\sigma}_m+\alpha\Delta\tilde{\boldsymbol{\sigma}},\ \bar{\varepsilon}_{p_m})=0$ 确定。

c. 若 $F_{m+1}>0$ 且 $F_m=0$，则为塑性继续加载，过渡配比值 $\alpha=0$。

对于 a、b 两种情况，弹塑性部分的应变、应力增量分别为：

$$\Delta\boldsymbol{\varepsilon}'=(1-\alpha)\Delta\boldsymbol{\varepsilon}\Delta\boldsymbol{\sigma}'=\int_0^{\Delta\varepsilon'}\boldsymbol{D}_{ep}\,\mathrm{d}\varepsilon=\int_0^{(1-\alpha)\Delta\varepsilon}\boldsymbol{D}_{ep}\,\mathrm{d}\boldsymbol{\varepsilon}\tag{4.13}$$

③计算本步结束时的 $\Delta\boldsymbol{\sigma}$：

则本步应力：$\Delta\boldsymbol{\sigma}=\Delta\boldsymbol{\sigma}'+\alpha\Delta\hat{\boldsymbol{\sigma}}$

(4)确定本步本次迭代结束时的 σ_{m+1}^{n+1} 和 $\bar{\varepsilon}_{p_{m+1}}^{n+1}$ 等状态量：

$$\boldsymbol{\sigma}_{m+1}^{n+1}=\boldsymbol{\sigma}_{m+1}^{n}+\Delta\boldsymbol{\sigma}=\boldsymbol{\sigma}_{m+1}^{n}+\alpha\Delta\tilde{\sigma}+\int_0^{(1-\alpha)\Delta\varepsilon}\boldsymbol{D}_{ep}\,\mathrm{d}\boldsymbol{\varepsilon}$$

$$\bar{\boldsymbol{\varepsilon}}_{p_{m+1}}^{n+1}=\bar{\boldsymbol{\varepsilon}}_{p_{m+1}}^{n}+\Delta\bar{\boldsymbol{\varepsilon}}_p$$

式(4.13)的求解，多采用基于显式的欧拉方法的切向预测径向返回子增量法和基于隐式算法的广义中点法等数值方法。

例 4.2 基于弹塑性理论的悬臂梁载荷位置的优化设计。

如图 4.1 所示梁，已知几何尺寸：长×高×厚＝4 m×0.5 m×0.1 m；材料参数：E＝210 GPa，泊松比 0.3，理想弹塑性体，屈服极限 350 MPa；载荷 P＝600 000 N。试应用有限元法设计使 B 点挠度小于 50 mm 的 $d_{\min}$。

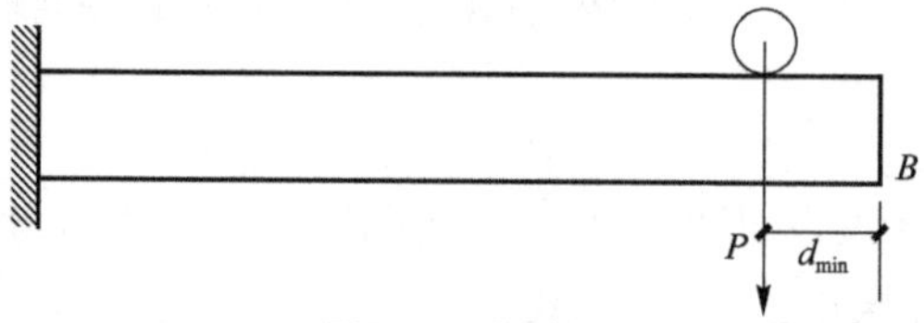

图 4.1 悬臂梁

略解： 通过有限元软件分析，得到载荷作用在 3 300 mm 的位置时自由端的挠度为 48.75 mm，3 400 mm 时为 50.54 mm。符合题目要求的位置为从固定端开始向自由端方向的 3 300 mm 内，故 $d_{\min}$ 为 4 000－3 300＝700(mm)。

习 题

4.1 编制并调试例 4.1 的计算程序。

4.2 补充完成例 4.2 全解。

参考文献

[1] 王仁，熊祝华，黄文彬．塑性力学基础[M]. 北京：科学出版社，1982.

[2] 陈明祥．弹塑性力学[M]. 北京：科学出版社，2007.

[3] 徐秉业．塑性力学[M]. 北京：高等教育出版社，1988.

[4] 徐秉业，陈森灿．塑性理论简明教程[M]. 北京：清华大学出版社，1981.

[5] 杨伯源，张义同．工程弹塑性力学[M]. 北京：机械工业出版社，2003.

[6] [美]陈惠发，A F 萨里普．弹性与塑性力学[M]. 余天庆，王勋文，刘再华，译．北京：中国建筑工业出版社，2004.

[7] 卓卫东．应用弹塑性力学[M]. 2 版．北京：科学出版社，2013.

[8] 夏志皋．塑性力学[M]. 上海：同济大学出版社，1991.

[9] 王仲仁，苑世剑，胡连喜．弹性与塑性力学基础[M]. 哈尔滨：哈尔滨工业大学出版社，1997.

[10] 余同希，薛璞．工程塑性力学[M]. 2 版．北京：高等教育出版社，2010.

[11] 王仁，黄文彬，黄筑平．塑性力学引论(修订版)[M]. 北京：北京大学出版社，1992.

[12] 陈笃．塑性力学概要[M]. 北京：高等教育出版社，2005.

[13] 王勖成．有限单元法[M]. 北京：清华大学出版社，2003.

[14] 李庆扬，王能超，易大义．数值分析[M]. 5 版．北京：清华大学出版社，2008.